뉴턴이 들려주는 만유인력 이야기

뉴턴이 들려주는 만유인력 이야기

초 판 1쇄 발행일 | 2005년 3월 26일
개정판 1쇄 발행일 | 2010년 9월 1일
개정판 17쇄 발행일 | 2021년 5월 28일

지은이 | 정완상
펴낸이 | 정은영
펴낸곳 | (주)자음과모음

출판등록 | 2001년 11월 28일 제2001-000259호
주 소 | 04047 서울시 마포구 양화로6길 49
전 화 | 편집부 (02)324-2347, 경영지원부 (02)325-6047
팩 스 | 편집부 (02)324-2348, 경영지원부 (02)2648-1311
e-mail | jamoteen@jamobook.com

ISBN 978-89-544-2007-5 (44400)

뉴턴이 들려주는

만유인력 이야기

| 정완상 지음 |

(주)자음과모음

뉴턴을 꿈꾸는 청소년을 위한 '만유인력' 과학 혁명

역학의 창시자 뉴턴! 뉴턴은 물리학의 영웅 가운데 한 명입니다. 그의 운동 법칙 3가지는 여러 가지 힘이 물체에 작용할 때 물체가 어떻게 움직여야 하는가를 알려 주는 위대한 법칙입니다. 특히 세 번째 법칙인 작용 반작용의 법칙은 로켓의 원리가 되어 우리가 우주 여행을 할 수 있게 해 주었습니다.

뉴턴은 우리 주위에서 볼 수 있는 여러 가지 힘에 대해 명확하게 밝혔습니다. 특히 물체가 떨어지는 원인이 지구와 물체 사이의 만유인력 때문이라는 것을 밝혀내어 달이나 다른 행성들의 운동을 정확하게 분석했습니다. 그래서 힘에 관한 물리를 처음 공부하려는 청소년들에게는 뉴턴의 강의가 이루어져야 한다는 생각이 들었습니다.

저는 KAIST에서 물리학을 공부하고 대학에서 힘과 운동에 대해 강의했던 내용을 토대로 이 책을 썼습니다.

이 책은 뉴턴 교수가 한국에 와서 우리 청소년들에게 9일간의 수업을 통해 만유인력과 운동의 법칙을 느낄 수 있게 하는 것으로 설정되어 있습니다. 뉴턴 교수는 참석한 청소년들에게 질문을 하며 간단한 일상 속의 실험을 통해 여러 가지 힘에 대해 가르치고 있습니다.

청소년들이 쉽게 뉴턴의 물리학을 이해하여 한국에서도 언젠가는 훌륭한 물리학자가 나오길 간절히 바랍니다.

끝으로 이 책을 출간할 수 있도록 배려하고 격려해 준 강병철 사장님과 예쁜 책이 될 수 있도록 수고해 준 편집부의 모든 식구들에게 감사의 뜻을 표합니다.

정 완 상

차례

부록

첫 번째 수업 **1**

힘과 **가속도**는 어떤 **관계**일까요?

정지해 있던 물체를 밀면 움직이는 이유는 뭘까요?
뉴턴의 운동 법칙에 대해 알아봅시다.

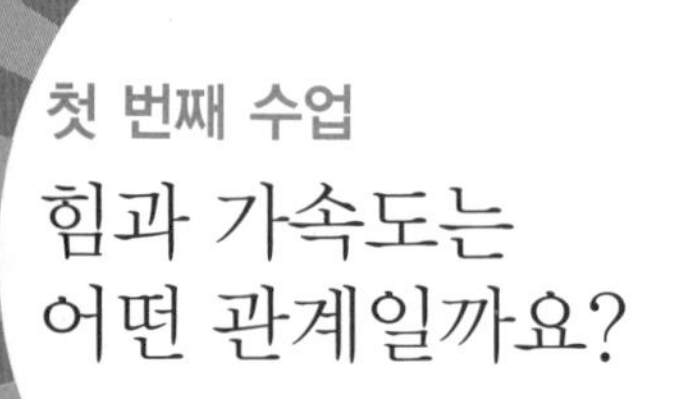

첫 번째 수업

힘과 가속도는 어떤 관계일까요?

교과연계		
	초등 과학 5-1	4. 물체의 속력
	중등 과학 1	7. 힘과 운동
	중등 과학 2	1. 여러 가지 운동
	고등 과학 1	2. 에너지
	고등 물리 I	1. 힘과 에너지
	고등 물리 II	1. 운동과 에너지

뉴턴이 상자가 놓인 탁자 앞에서 첫 번째 수업을 시작했다.

뉴턴은 탁자 위에 놓여 있는 상자를 손으로 밀었다. 상자가 조금 미끄러져 가다가 멈추었다.

상자가 왜 움직였을까요?

그건 상자가 힘을 받았기 때문입니다. 즉, 내가 미는 힘을 상자에 작용했기 때문에 상자가 움직인 것이지요. 이렇게 정지해 있던 물체는 힘을 받으면 움직입니다.

정지와 움직임의 차이는 뭘까요? 정지란 속도가 0인 상태이고, 움직인다는 것은 속도가 0이 아니라는 것을 말합니다. 힘 때문에 정지해 있던 상자가 움직였으므로 힘이 물체에 작용하면 물체의 속도가 변한다는 것을 알 수 있습니다.

물체의 속도가 변하는 것을 나타낼 때 가속도를 사용하면 편리하다는 것은 갈릴레이가 알아냈습니다.

가속도는 속도의 변화를 시간으로 나눈 값이지요.

$$\text{가속도} = \frac{\text{속도의 변화}}{\text{시간}}$$

속도의 단위가 m/s이고 시간의 단위가 s(초)이니까, 가속도의 단위는 m/s^2이 됩니다.

다시 정리해 봅시다. 물체가 힘을 받으면 속도가 변합니다. 그리고 일정 시간 동안 속도가 얼마나 변했나를 나타내는 양이 가속도입니다. 따라서 물체가 힘을 받으면 가속도가 생깁니다.

운동 법칙

이제 본격적으로 힘과 가속도의 관계에 대해 알아봅시다.

뉴턴은 학생들을 인라인스케이트장으로 데리고 갔다. 그리고 태호를 밀었다. 준수에게는 스피드 건으로 태호의 2초 후의 속도를 측정하게 했다.

2초 후 태호의 속도는 얼마이지요?

_4m/s *입니다.*

그럼 태호의 속도의 변화는 4m/s이고 속도가 변하는 데 걸린 시간이 2초이므로, 가속도는 $\frac{4m/s}{2s} = 2m/s^2$이 됩니다.

뉴턴은 태호를 좀 더 세게 밀었다. 그리고 준수에게 태호의 2초 후 속도를 스피드 건으로 측정하게 했다.

2초 후 태호의 속도는 얼마이지요?

__8m/s입니다.

그럼 태호의 속도의 변화는 8m/s이고 속도가 변하는 데 걸린 시간이 2초이므로, 가속도는 $\frac{8m/s}{2s} = 4m/s^2$이 됩니다.

좀 더 세게 밀었더니 태호의 가속도가 더 커졌군요. 더 세게 밀었다는 것은 더 큰 힘을 작용시켰다는 것입니다. 그러므로 태호는 더 큰 힘을 받아 더 큰 가속도가 생긴 것이지요.

그러므로 물체에 작용한 힘이 클수록 물체의 가속도가 크다는 것을 알 수 있습니다. 즉, 다음과 같이 말할 수 있지요.

물체의 가속도는 작용한 힘에 비례한다.

같은 힘으로 밀었을 때 무거운 사람과 가벼운 사람 중에서 누가 더 빠르게 움직일지 알아봅시다.

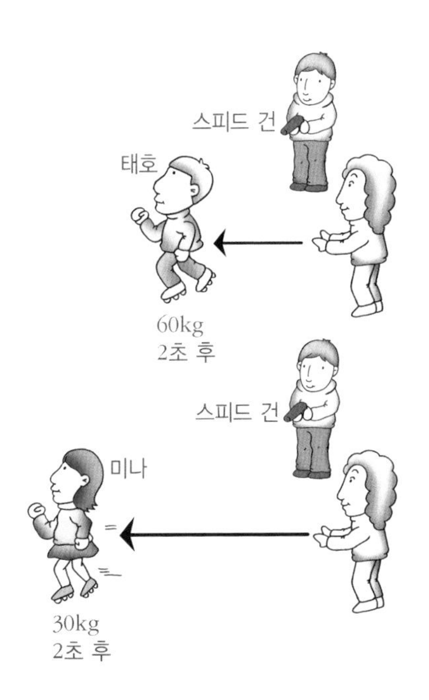

뉴턴은 질량이 60kg인 태호와 질량이 30kg인 미나를 같은 크기의 힘으로 밀었다. 그리고 준수에게 2초 후 두 사람의 속도를 스피드 건으로 측정하게 했다.

태호의 속도는 얼마이지요?

__4m/s입니다.

이때 태호의 속도의 변화는 4m/s입니다. 그리고 속도가 변하는 데 걸린 시간이 2초이므로 가속도는 $\frac{4m/s}{2s} = 2m/s^2$입니다.

그럼 미나의 속도는 얼마이지요?

__8m/s입니다.

이때 미나의 속도의 변화는 8m/s입니다. 그리고 속도가 변하는 데 걸린 시간이 2초이므로 가속도는 $\frac{8m/s}{2s} = 4m/s^2$입니다.

같은 힘으로 밀었을 때 질량이 가벼운 미나의 가속도가 더 크다는 것을 알 수 있습니다. 이때 태호와 미나에 대해 질량과 가속도를 곱해 봅시다.

태호 : 질량 × 가속도 = $60kg \times 2m/s^2 = 120kg \cdot m/s^2$

미나 : 질량 × 가속도 = $30kg \times 4m/s^2 = 120kg \cdot m/s^2$

앗! 질량과 가속도의 곱이 같군요. 그러므로 다음과 같은 사실을 알 수 있습니다.

물체에 일정한 크기의 힘이 작용할 때 질량과 가속도는 반비례한다.

지금까지의 내용을 정리해 봅시다.

- 질량이 일정할 때 비례한다.
- 힘이 일정할 때 반비례한다.

그러므로 다음과 같은 관계식을 얻을 수 있습니다.

힘 = 질량 × 가속도

이것이 바로 물체의 운동을 지배하는 법칙입니다. 이때 질량의 단위 kg과 가속도의 단위 m/s^2의 곱인 $kg \cdot m/s^2$은 힘의 단위입니다. 이것이 복잡하기 때문에 N이라고 쓰고, 내 이름을 따서 뉴턴이라고 읽습니다. 그러니까 1N의 힘은 1kg의 물체에 $1m/s^2$의 가속도를 줄 수 있습니다.

$$1N = 1kg \cdot m/s^2$$

과학자의 비밀노트

힘의 단위

대표적인 힘의 단위로는 kgf(킬로그램힘)과 N(뉴턴)이 있다. 1kgf은 질량 1kg인 물체가 지구의 표준 중력 가속도로 움직이게 하는 힘이다. 무게의 단위로 kgf을 사용하지만, 편의상 관례적으로 질량의 단위인 kg을 사용한다. 1kgf는 9.80665N과 같다. 뉴턴은 국제 표준 단위이다. 이 단위는 1960년에 국제도량형총회(CGPM)에서 정식으로 도입되었다. 1N은 1kg의 질량을 갖는 물체를 1m/s²만큼 가속시키는 데 필요한 힘으로 정의된다.

만화로 본문 읽기

선생님, 피하세요!

선생님, 죄송해요. 연희가 갑자기 미는 바람에 가속도가 붙어서 멈춰지지 않았어요.
나는 괜찮아요.

태호 군, 그런데 자전거에 가속도가 붙은 이유가 뭘까요?
글쎄요. 연희가 뒤에서 밀
줬기 때문이 아닐까요?

맞아요. 질량이 일정할 때 가속도는 작용한 힘에 비례한답니다. 즉, 자전거에 연희가 힘을 더 가해서 가속도가 붙은 거예요.
그렇군요.

그러나 물체에 일정한 힘이 작용할
는 질량과 가속도는 반비례해요. 자
거에 짐을 많이 싣고 간다면 힘을 많
줘도 가속도가 별로 붙지 않아요.

정리하자면 질량이 일정할 때 가속도는 힘에 비례하고, 힘이 일정할 때 가속도는 질량에 반비례한답니다. 그러므로 이와 같은 관계식을 얻을 수 있어요.
가속도=힘/질량
아, 그렇군요.

두 번째 수업 2

두 힘이 평형이라는 것은 무슨 뜻일까요?

물체에 두 힘이 작용했는데도 물체가 움직이지 않는 이유는 뭘까요?
크기가 같고 방향이 반대인 두 힘에 대해 알아봅시다.

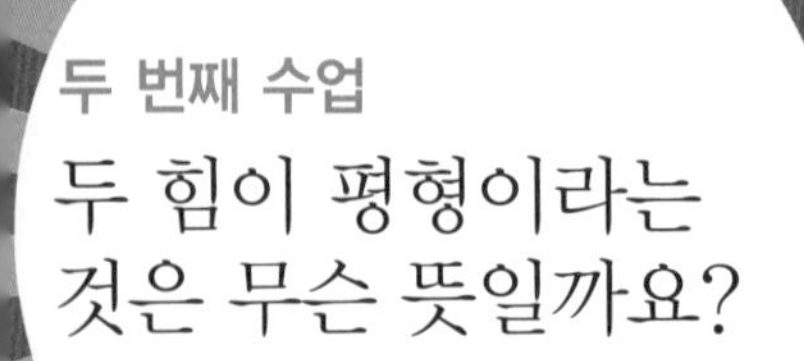

두 번째 수업

두 힘이 평형이라는 것은 무슨 뜻일까요?

교과 연계		
교.	초등 과학 5-1	4. 물체의 속력
과.	중등 과학 1	7. 힘과 운동
연.	중등 과학 2	1. 여러 가지 운동
계.	고등 과학 1	2. 에너지
	고등 물리 I	1. 힘과 에너지
	고등 물리 II	1. 운동과 에너지

뉴턴이 주차장에서 두 번째 수업을 시작했다.

뉴턴은 학생들을 데리고 주차장으로 갔다. 그리고 자신의 차 사이드 기어를 풀고 진우에게 밀어 보라고 했다. 차는 천천히 움직였다.

진우의 힘이 차에 작용했지요? 그래서 차에는 가속도가 생겼습니다. 즉, 속도가 변한 것이지요. 그래서 차는 정지 상태로부터 움직이기 시작했습니다. 이때 차에 작용한 진우의 힘을 화살표로 나타내면 편리합니다.

여기서 화살표의 방향은 힘의 방향이고 화살표의 길이는 힘의 크기를, 화살표의 시작점은 진우가 차에 힘을 작용한 점을 나타냅니다.

이번에는 한 물체에 2개의 힘이 작용하는 경우에 대해 알아보겠습니다.

뉴턴은 진우와 태호에게 차를 밀어 보라고 했다. 차는 진우 혼자 밀 때보다 더 빠르게 움직였다.

차가 더 빠르게 움직였군요. 두 사람이 미는 힘이 한 사람

이 미는 힘보다 더 크기 때문이죠. 이때 두 사람이 미는 힘을 화살표로 나타내면 다음 그림과 같습니다.

화살표가 같은 방향을 가리키는군요. 같은 방향을 가리키

는 두 힘은 방향이 같은 힘입니다. 이렇게 같은 방향으로 작용하는 두 힘은 하나의 힘보다 커지게 됩니다.

힘의 방향이 오른쪽일 때 부호를 (+)로 하고 힘의 방향이 왼쪽일 때 부호를 (−)로 하기로 약속합시다. 예를 들어, 태호가 미는 힘이 +40N이고 진우가 미는 힘이 +30N이라고 하

면 두 사람이 미는 힘의 합은 다음과 같이 계산됩니다.

40N + 30N = 70N

이때 70N을 30N의 힘과 40N의 힘의 합력이라고 합니다.

하나의 물체에 두 개의 힘이 작용하면 항상 힘이 커질까요? 그렇지는 않습니다.

뉴턴은 태호에게는 차를 오른쪽으로 밀고, 진우에게는 왼쪽으로 밀어 보라고 했다. 태호가 미는 힘이 더 강해서 차는 오른쪽으로 움직였지만, 차는 한 사람이 밀 때보다 더 천천히 움직였다.

두 사람이 차에 작용한 힘을 화살표로 나타내 봅시다.

화살표의 방향이 반대이고 태호가 미는 힘을 나타내는 화

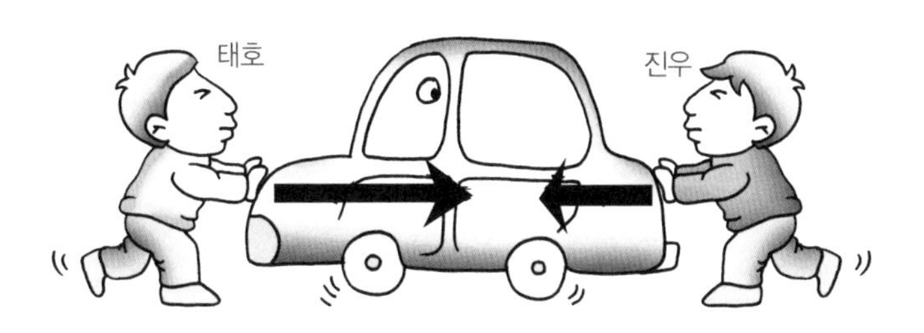

살표가 더 길군요. 태호가 미는 힘의 크기가 진우가 미는 힘의 크기보다 더 크기 때문입니다.

왜 두 사람이 밀었는데도 차는 더 천천히 움직였을까요? 그것은 두 힘의 방향이 반대이기 때문입니다. 예를 들어, 태호가 미는 힘의 크기가 40N, 진우가 미는 힘의 크기가 30N이라면 두 힘을 다음과 같이 쓸 수 있습니다.

태호가 미는 힘 = +40N

진우가 미는 힘 = −30N

진우가 미는 힘에 (−)부호가 붙은 것은 진우가 차를 왼쪽으로 밀었기 때문입니다. 그러므로 두 힘을 더하면 다음과 같이 됩니다.

과학자의 비밀노트

힘의 합성

물체에 많은 힘이 작용할 때, 그것과 같은 효과를 가진 하나의 힘을 구하는 과정을 힘의 합성이라고 한다. 그리고 그 하나의 힘을 합력 또는 알짜힘이라고 한다. 힘은 크기와 방향을 동시에 가지는 물리량이므로 더하거나 뺄 때 항상 방향을 생각해야 한다. 예컨대 두 힘이 서로 평행이고 서로 반대 방향일 때는 한쪽을 플러스, 다른 한쪽을 마이너스로 놓고 덧셈을 한다.

$$(+40\mathrm{N}) + (-30\mathrm{N}) = +10\mathrm{N}$$

즉, 두 힘의 합력은 +10N이 됩니다. 그러므로 차는 10N의 힘에 의해 오른쪽으로 움직이게 됩니다. 하지만 합력의 크기가 두 힘의 차이가 되므로, 오히려 두 사람이 밀어서 손해를 본 셈이 되었습니다.

힘의 평형

만일 두 사람이 반대 방향으로 같은 크기의 힘을 작용하면 어떻게 될까요?

뉴턴은 태호에게는 차를 오른쪽으로 밀고, 창호에게는 왼쪽으로 밀어 보라고 했다. 두 사람이 힘껏 밀었는데도 차는 꼼짝도 않고 제자리에 있었다.

차가 안 움직였지요? 이때 두 사람이 차를 민 힘을 화살표로 나타내면 다음과 같습니다.

두 화살표의 방향은 반대이고 길이는 같군요. 이렇게 두 힘이 서로 반대 방향으로 작용하고 크기가 같으면 물체는 움직이지 않습니다. 이때 두 힘은 평형을 이루었다고 합니다.

예를 들어, 태호와 창호가 똑같이 40N으로 밀었다면, 두 사람이 차를 민 힘은 다음과 같습니다.

태호가 미는 힘 = +40N

창호가 미는 힘 = −40N

그러므로 두 힘을 더하면 다음과 같이 됩니다.

(+40N) + (−40N) = 0N

즉, 두 힘의 합력은 0이 됩니다. 그러므로 차는 0N의 힘을 받습니다. 이것은 차가 힘을 안 받는다는 뜻입니다. 그러므로 정지해 있던 물체에 두 힘이 작용하지만, 두 힘이 평형을 이루면 물체는 힘을 받지 않았을 때처럼 정지해 있게 됩니다.

만화로 본문 읽기

이런, 길을 잃어버린 것 같네요.
선생님, 이쪽인 것 같아요.

아니야. 이쪽으로 가야 해.
무슨 소리, 이쪽이라니깐!

이렇게 양쪽에서 똑같이 잡아끌면 힘의 평형으로 움직일 수가 없잖아요.
힘의 평형이요?
그게 뭐예요?

음, 이 장난감 자동차를 손으
양쪽에서 밀어 보세요.

선생님, 차가 안 움직이는데요?
이렇게 한 물체에 크기가 같은 두 힘이 서로 반대 방향으로 작용하면 물체는 움직이지 않는답니다. 그리고 이때 두 힘은 평형을 이룬다고 해요.

아하, 그러면 정지해 있는 물체에 평형을 이룬 두 힘이 작용하면 물체는 힘을 받지 않을 때처럼 정지해 있는 거군요.
맞아요. 자, 이제 다
길을 찾아가 볼까요?

세 번째 수업 3

만유인력이란 무엇일까요?

사과나무의 사과가 땅에 떨어지는 이유는 무엇일까요?
두 물체 사이의 만유인력에 대해 알아봅시다.

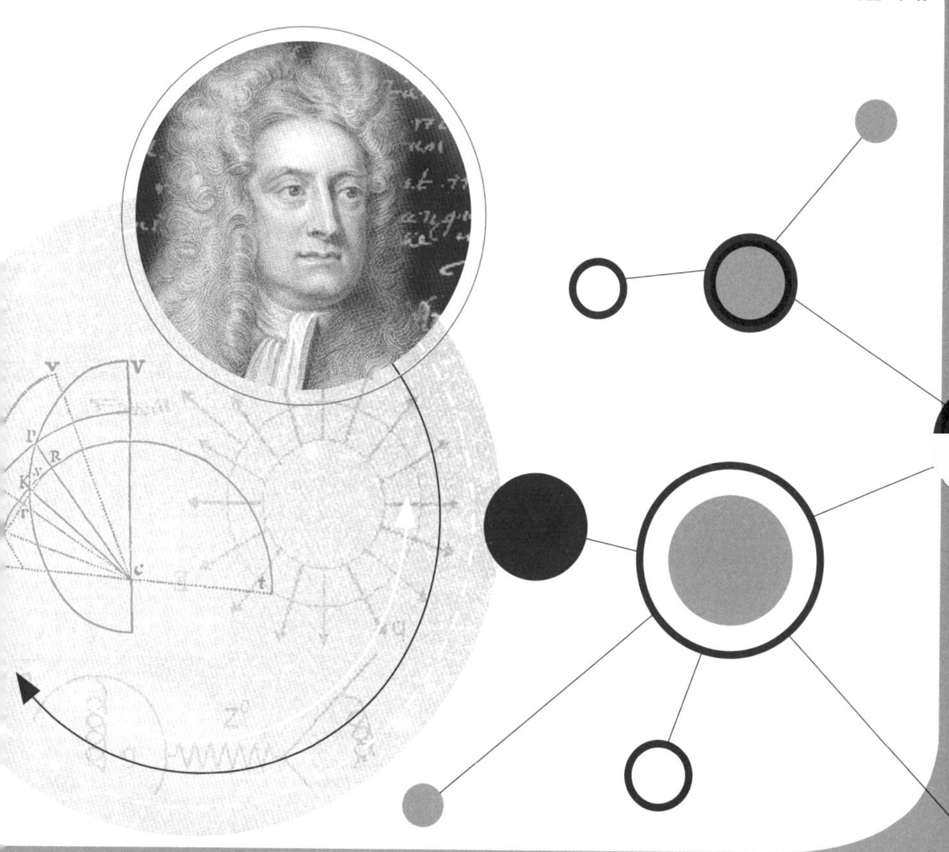

3

세 번째 수업

만유인력이란 무엇일까요?

교.	중등 과학 1	7. 힘과 운동
과.	중등 과학 2	1. 여러 가지 운동
연.	고등 과학 1	2. 에너지
계.	고등 물리 I	1. 힘과 에너지
	고등 물리 II	1. 운동과 에너지

뉴턴이 세 번째 수업에서 드디어 만유인력에 대해 이야기하기 시작했다.

오늘은 만유인력이라는 힘에 대해 알아보겠습니다. 물체에 작용하는 근본적인 힘에는 어떤 힘들이 있을까요? 질량을 가진 두 물체 사이에는 서로를 끌어당기는 만유인력이 존재합니다. 만유인력은 두 물체의 질량의 곱에 비례하고, 두 물체 사이의 거리의 제곱에 반비례합니다.

질량이 A(kg)인 물체와 질량이 B(kg)인 물체가 어떤 거리 r만큼 떨어져 있을 때 만유인력의 크기는 다음과 같다.

$$\text{만유인력} = \frac{0.00000000067 \times A \times B}{r^2}(N)$$

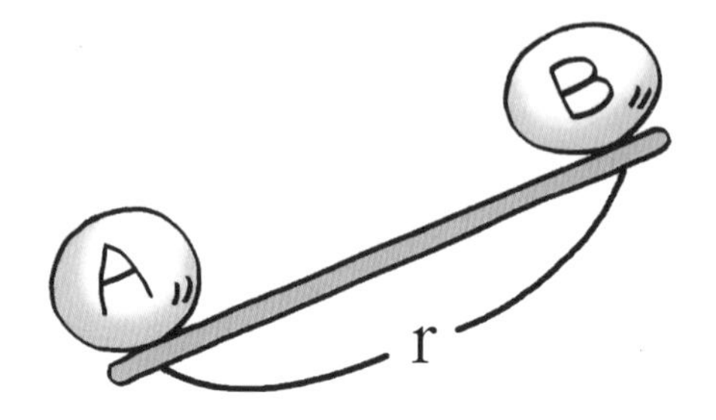

이때 두 물체 사이의 거리는 두 물체의 중심과 중심 사이의 거리입니다.

질량이 각각 1kg인 두 물체가 1m의 거리만큼 떨어져 있다고 합시다. 이때 물체 사이의 만유인력은 다음과 같습니다.

$$\text{만유인력} = \frac{0.000000000067 \times 1 \times 1}{1^2} = 0.000000000067(N)$$

너무 작은 힘이군요. 이렇게 가벼운 물체들 사이의 만유인력은 너무 작아서 느낄 수 없습니다. 이것이 두 물체가 질량을 가지고 있는데도 서로 끌어당기지 않는 이유입니다.

뉴턴은 사과를 바닥에 떨어뜨렸다.

사과가 왜 바닥에 떨어졌지요? 그것은 사과와 지구 사이의 만유인력 때문입니다. 즉, 지구가 사과를 당기기 때문이지요.

얼마나 큰 힘으로 당기는지 알아볼까요? 그러려면 지구의 질량과, 지구와 사과 사이의 거리를 알아야겠군요. 지구와 사과 사이의 거리는 위의 오른쪽 그림과 같습니다.

지구의 중심과 사과의 중심과의 거리지요. 그런데 지구의 반지름이 사과의 반지름에 비해 너무 크니까 사과와 지구의 중심 사이의 거리는 거의 지구의 반지름이라고 볼 수 있습니다. 지구의 질량과 반지름은 다음과 같습니다.

지구의 질량 = 6,000,000,000,000,000,000,000,000kg

지구의 반지름 = 6,370,000m

이 값들을 공식에 넣으면 사과가 받는 만유인력은 다음과 같습니다.

만유인력 = 사과의 질량 × 10

힘은 질량과 가속도의 곱이므로 사과가 받는 가속도는 약 $10m/s^2$입니다. 이렇게 지구가 사과를 잡아당기는 만유인력을 지구의 중력이라고 합니다. 예를 들어, 사과의 질량이 1kg이라면 사과가 지구로부터 받는 힘은 10N이 됩니다.

물체가 지구의 중력을 받으면 가속도가 생기지요. 이때 생긴 가속도를 중력 가속도라고 합니다. 그러므로 지구의 중력 가속도는 약 $10m/s^2$입니다.

중력 가속도의 값은 지구가 아닌 다른 행성이나 위성에서는 달라집니다. 예를 들어, 달의 경우는 중력 가속도의 값이 지구의 중력 가속도 값의 $\frac{1}{6}$이 됩니다. 그러니까 물체가 받는 중력이 달에서는 지구에서의 $\frac{1}{6}$이라는 것입니다. 그래서 달에서는 지구에서보다 쉽게 높은 곳까지 올라갈 수 있지요.

여러분은 지구의 반지름이 엄청나게 크다는 것을 알았습니다. 그러므로 지구 표면에서 그리 멀지 않은 곳에 있는 물체가 받는 만유인력을 계산할 때 물체와 지구와의 거리는 거의 지구 반지름이 됩니다. 그러므로 물체는 물체의 질량에 10을 곱한 크기의 만유인력을 받게 되지요.

줄의 장력

뉴턴은 천장에서 내려온 줄을 잡고 매달렸다.

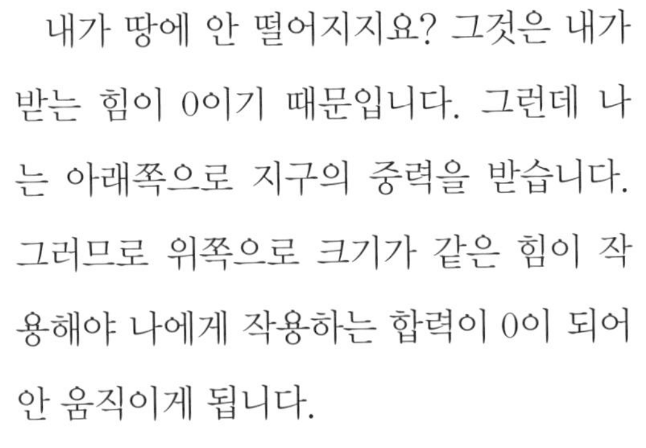

내가 땅에 안 떨어지지요? 그것은 내가 받는 힘이 0이기 때문입니다. 그런데 나는 아래쪽으로 지구의 중력을 받습니다. 그러므로 위쪽으로 크기가 같은 힘이 작용해야 나에게 작용하는 합력이 0이 되어 안 움직이게 됩니다.

그 힘은 뭘까요? 그것은 바로 줄의 장력입니다. 줄에 물체를 매달면 줄이 늘어납니다. 그러므로 줄은 원래의 길이가 되려는 성질을 가지게 되지요. 그 방향은 물론 위쪽입니다. 그 힘이 바로 줄의 장력이지요. 그러므로 나에게 작용하는 두 힘을 그리면 왼쪽과 같습니다.

두 힘은 크기가 같고 방향이 반대이군요. 그러므로 두 힘은 평형을 이룹니다.

그러므로 나에게 작용하는 합력은 0이 되어 안 움직이는 것입니다.

수직 항력

뉴턴은 탁자 위에 사과를 놓았다.

사과가 안 움직이죠? 탁자 위에 놓여 있는 사과는 왜 안 떨어질까요? 그것은 사과가 받는 힘의 합력이 0이기 때문입니다. 사과는 아래쪽으로 지구의 중력을 받습니다. 그러므로 위쪽으로 크기가 같은 힘을 받아야 합니다. 그것은 탁자가 사과를 위로 미는 힘으로, 수직 항력이라고 합니다.

사과에 작용하는 두 힘을 그리면 다음과 같습니다.

사과에 작용하는 두 힘은 크기가 같고 방향이 반대이죠? 즉, 두 힘은 평형을 이룹니다. 그러므로 사과가 받는 합력은 0이 되지요.

진짜로 그런 힘이 있는지 눈으로 확인해 봅시다.

뉴턴은 얇은 종이를 준수에게 들고 있게 하고 그 위에 무거운 쇠구슬을 올려놓았다. 종이가 처지기 시작하더니 쇠구슬은 종이를 뚫고 바닥에 떨어졌다.

얇은 종이 위의 쇠구슬은 왜 바닥으로 떨어졌을까요? 그것은 얇은 종이가 쇠구슬을 위로 받치는 힘(수직 항력)이 지구가

쇠구슬을 아래로 당기는 힘보다 작기 때문입니다.

예를 들어, 종이의 수직 항력이 −30N이고, 지구가 쇠구슬을 잡아당기는 힘이 +40N이면 쇠구슬이 받는 힘은 +10N이 되지요. 아래로 향하는 힘을 (+)로 썼으니까, 쇠구슬의 크기는 10N이고 방향은 아래로 향하는 힘을 받습니다.

이렇게 물체에 작용하는 두 힘이 평형을 이루지 못하면 물체는 크기가 큰 힘이 작용하는 방향으로 움직입니다.

탁자 위에 질량이 10kg인 물체를 올려놓으면 지구의 중력이 물체를 아래로 잡아당깁니다. 물론 그 힘의 크기는 질량과 중력 가속도의 곱인 약 100N입니다. 이때 탁자는 100N의 힘을 받게 됩니다. 이것은 물체가 탁자를 누르는 힘이지요. 이것을 바로 물체의 무게라고 합니다. 질량이 10kg인 물체의 무게는 약 100N이 됩니다. 그러므로 물체의 질량과 무게는 완전히 다른 양입니다.

앞의 예에서 책상 위 사과의 수직 항력과 사과의 무게는 크기가 같고 방향이 반대입니다.

만화로 본문 읽기

왜 이 쇠구슬은 서로 끌어당기지 않는 거지?

태호 군, 뭘 그리 생각하고 있나요?
아, 뉴턴 선생

질량을 가진 두 물체 사이에 서로를 끌어당기는 힘인 만유인력이 존재하잖아요. 근데, 이 쇠구슬은 왜 서로를 끌어당기지 않을까요?

쇠구슬의 질량을 각각 A, B라 하고, 두 쇠구슬 사이의 거리를 r라고 하면 만유인력은 두 물체의 질량의 곱에 비례하고, 두 물체 사이의 거리의 제곱에 반비례하니까 이와 같은 공식이 됩니다.
만유인력 = $\frac{0.000000000067 \times A \times B}{r^2}$(N)

만약 쇠구슬의 질량이 1kg, 거리가 1m라면 그 값은 0.000000000067(N)이 됩니다. 따라서 가벼운 물체는 만유인력을 거의 느낄 수가 없어요.
그렇다면 지구 정도의 질량이 되어야 만유인력을 느낄 수 있는 건가요?

그래요. 질량이 지구 정도의 크기가 되어야 만유인력을 느낄 수 있어요. 나는 사과가 떨어지는 걸 보고 지구의 만유인력을 발견했답니다.

네 번째 수업 4

탄성력이란 무엇일까요?

용수철을 잡아당겼다 놓으면 제자리로 돌아가는 이유는 뭘까요?
용수철의 탄성력에 대해 알아봅시다.

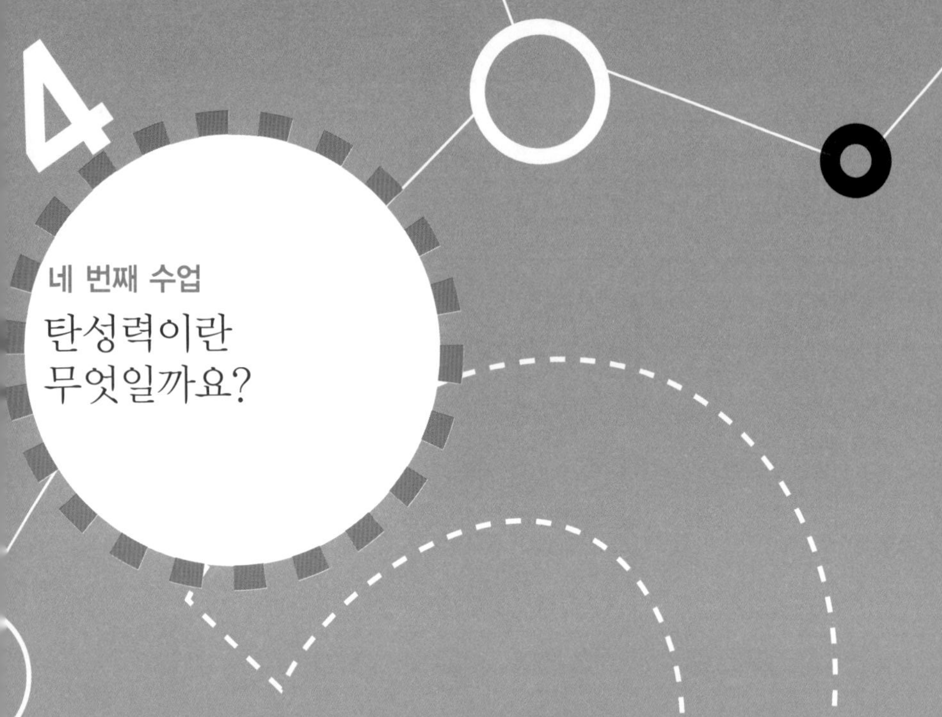

4

네 번째 수업

탄성력이란 무엇일까요?

교과연계

중등 과학 1	7. 힘과 운동
중등 과학 2	1. 여러 가지 운동
고등 과학 1	2. 에너지
고등 물리 I	1. 힘과 에너지
고등 물리 II	1. 운동과 에너지

뉴턴이 용수철을 보여 주며 네 번째 수업을 시작했다.

뉴턴은 벽에 연결된 용수철의 끝에 나무토막을 매달고 한 손으로 나무토막을 잡아당긴 후 그대로 있었다. 용수철이 원래의 길이보다 길어진 상태로 나무토막이 정지해 있었다.

용수철이 길어졌지요? 용수철의 모양이 변했습니다. 용수철에 매달린 나무토막을 당긴다는 것은 나무토막에 당기는 힘을 작용하는 것입니다. 그러므로 나무토막은 오른쪽으로 향하는 힘을 받습니다.

그런데 나무토막이 제자리에 가만히 있습니다. 그것은 왼쪽으로 향하는 같은 크기의 힘이 나무토막에 작용하여 나무토막에 작용하는 합력이 0이기 때문입니다. 그럼 나무토막을 왼쪽으로 당기는 힘은 어떤 힘일까요?

뉴턴은 손에 쥐고 있던 나무토막을 놓았다. 용수철의 길이가 원래 길이로 되면서 나무토막이 왼쪽으로 움직여 갔다.

용수철과 같이 힘을 받으면 모양이 변하는 물체를 탄성체라고 합니다. 이때 용수철이 원래의 모양이 되려는 힘이 용

수철에 매달린 물체에 작용하는데, 이것을 용수철의 탄성력이라고 합니다.

용수철을 당기는 힘과 용수철의 탄성력의 방향은 반대입니다. 두 힘의 크기가 같으면 나무토막에 작용하는 합력은 0이 됩니다. 물론 그때 물체에 작용하는 두 힘이 평형을 이루므로 물체는 움직이지 않게 됩니다.

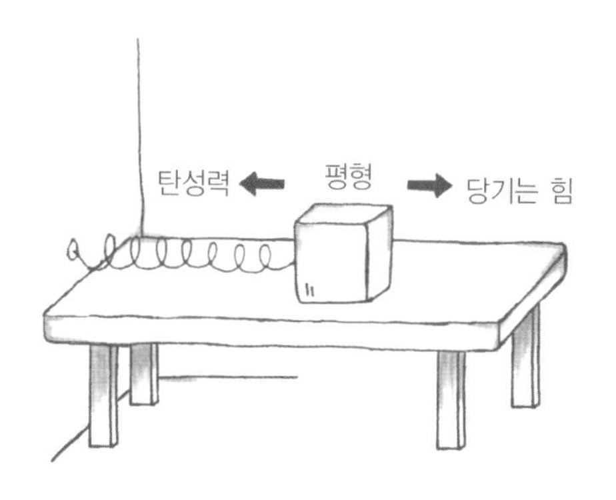

용수철에 매달린 나무토막을 세게 잡아당기면 약하게 잡아당길 때보다 용수철이 더 많이 늘어납니다. 세게 잡아당겼다는 것은 더 큰 힘을 작용시켰다는 것을 말합니다. 이때 용수철이 원래의 길이로 돌아가려는 힘인 탄성력도 그만큼 커져야 합니다. 그래야 더 커진 힘과 평형을 이루어 나무토막이 움직이지 않기 때문이지요. 그러므로 다음과 같은 결론을 얻을 수 있습니다.

용수철의 탄성력은 용수철의 늘어난 길이에 비례한다.

이때의 비례 상수를 용수철 상수(탄성 계수)라고 합니다. 그러니까 탄성력은 다음과 같지요.

탄성력 = 용수철 상수(탄성 계수) × 용수철의 늘어난 길이

용수철 상수는 용수철에 따라 다릅니다. 그럼 용수철 상수를 알 수 있는 방법이 있을까요?

뉴턴은 천장에 용수철을 매달고 질량이 10kg인 추를 매달았다. 추의 무게 때문에 용수철이 10cm 늘어난 다음 멈추었다.

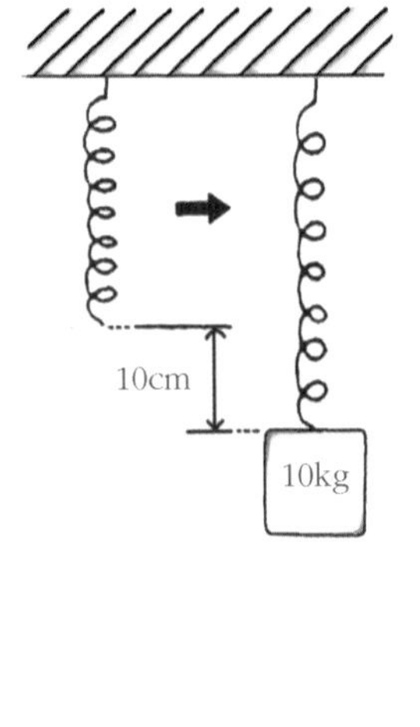

추에 작용한 힘은 아래쪽으로 작용하는 추의 무게와 위쪽으로 작용하는 용수철의 탄성력입니다. 그런데 추가 멈추었으므로 두 힘은 평형 상태입니다. 즉,

추의 무게와 용수철의 탄성력은 크기가 같고 방향이 반대이지요. 그러니까 다음과 같이 쓸 수 있습니다.

용수철 상수 $\times$ 10cm = 10kg $\times$ 10m/s^2

이것을 다시 쓰면 다음과 같습니다.

용수철 상수 $\times$ 10cm = 100N

그러므로 이 용수철의 용수철 상수는 10N/cm입니다.

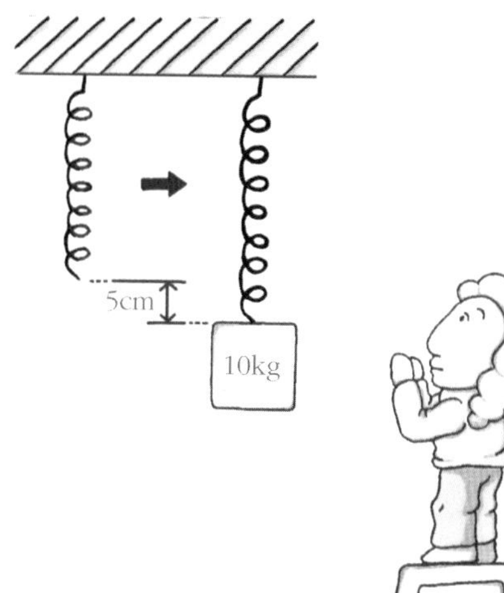

뉴턴은 천장에 굵기가 다른 용수철을 매달고 질량이 10kg인 추를 매달았다. 추의 무게 때문에 용수철이 5cm 늘어난 다음 멈추었다.

용수철이 늘어난 길이가 더 짧아졌군요. 용수철이 5cm 늘어난 후 탄성력과 추의 무게가 평형을 이루었으므로 다음의 관계식이 성립합니다.

용수철 상수 × 5cm = 10kg × 10m/s^2

이것을 다시 쓰면 다음과 같습니다.

용수철 상수 × 5cm = 100N

이 용수철의 용수철 상수는 20N/cm입니다. 즉, 같은 무게의 물체를 매달았을 때 더 적게 늘어나는 용수철의 용수철 상수가 더 큽니다. 그러므로 용수철 상수가 아주 큰 용수철을 늘어나게 하려면 아주 큰 힘이 필요하겠지요.

만화로 본문 읽기

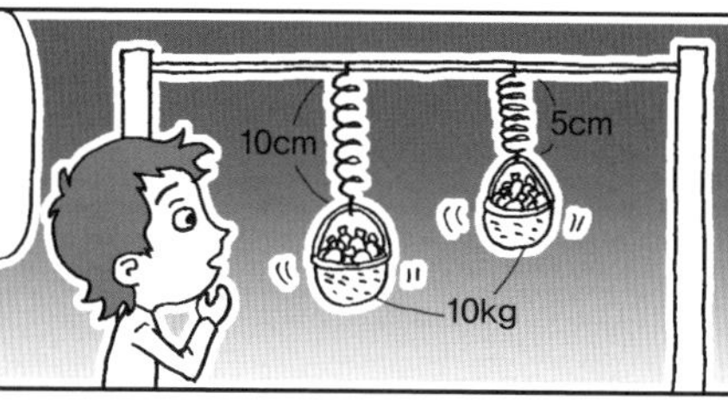
선생님, 똑같은 무게의 사탕 바구니를 2개의 용수철에 매달았는데 늘어난 길이가 서로 달라요?
10cm
5cm
10kg

그건 두 용수철의 탄성력이 다르기 때문이에요.

용수철처럼 힘을 받으면 모양이 변하는 물체를 탄성체라고 하고, 용수철이 원래의 모양이 되려는 힘을 탄성력이라고 해요.
탄성체
탄성력

용수철의 탄성력은 늘어난 길이에 비례하지요. 이때의 비례 상수를 용수철 상수라고 하며 다음과 같지요.
탄성력 =
용수철 상수
X 늘어난 길이

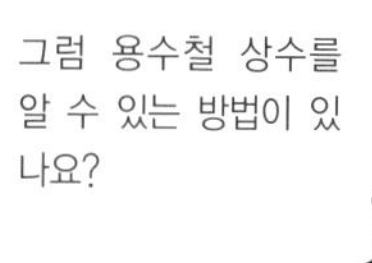
그럼 용수철 상수를 알 수 있는 방법이 있나요?
1번 용수철 : (용수철 상수) X 10cm = 10kg X 10m/S²
(용수철 상수) X = 100' N
용수철 상수 = 10N/cm
1번 용수철은 질량 10kg인 사탕의 무게 때문에 용수철이 10cm 늘어난 다음 멈추었으니까 용수철 상수는 10N/cm이지요.

2번 용수철의 경우는 질량 10kg인 사탕 때문에 용수철이 5cm 늘어난 다음 멈추었으니까 용수철 상수는 20N/cm이지요. 즉 같은 무게의 물체를 매달았을 때 더 적게 늘어나는 용수철 상수가 크답니다.
2번 용수철 :
(용수철 상수) X 5cm
= 100' N
용수철 상수
= 20N/cm

그럼 1번 용수철에 있는 사탕을 2번 용수철에 조금 옮겨서 수평을 맞춘 후에 1번 용수철의 사탕을 미애한테 줘야지, 크크크.
??

다섯 번째 수업

5

마찰력이란 무엇일까요?

바닥을 굴러가던 공이 멈추는 이유는 무엇일까요?
공과 바닥 사이의 마찰력에 대해 알아봅시다.

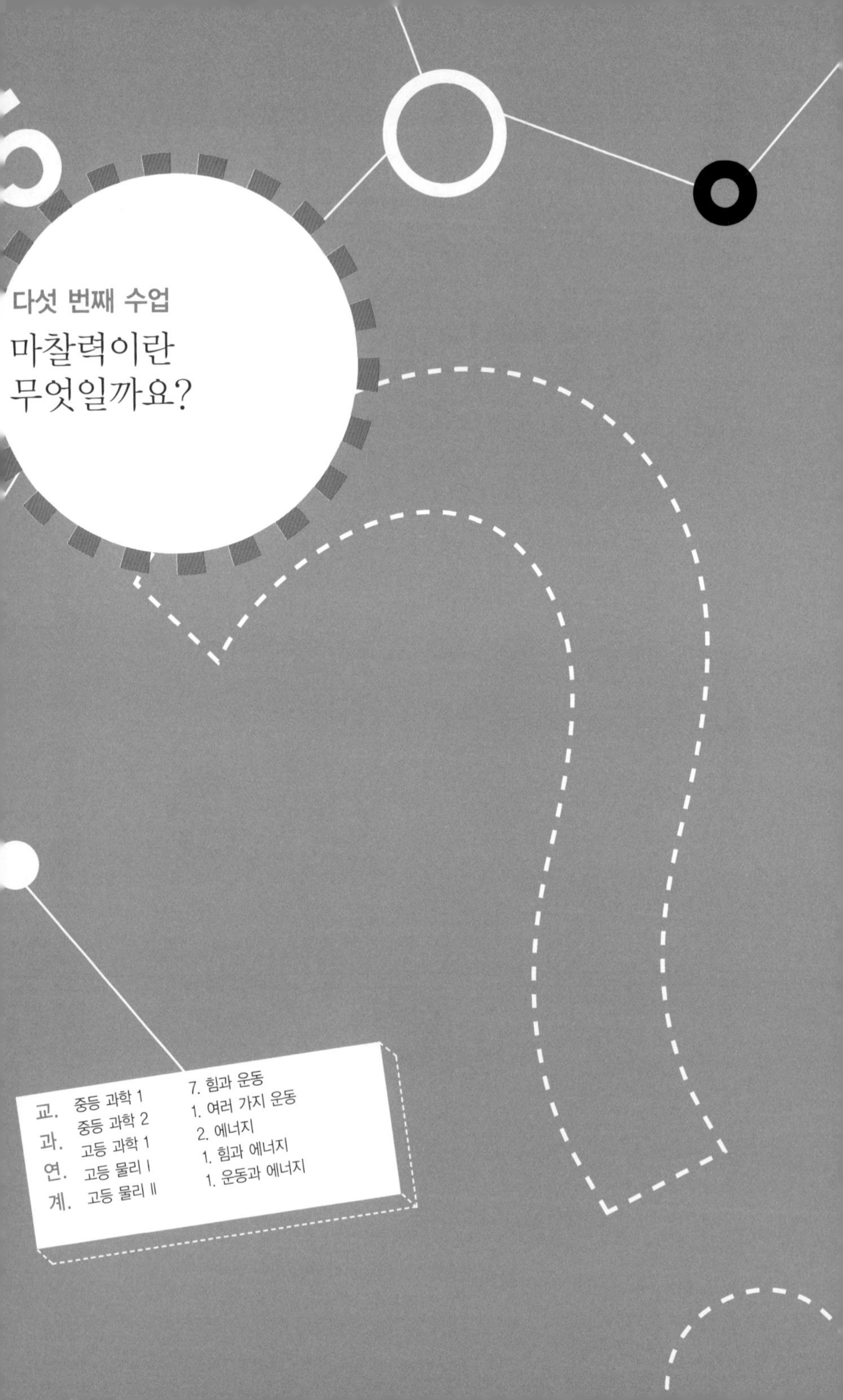
다섯 번째 수업
마찰력이란 무엇일까요?
교. 중등 과학 1 7. 힘과 운동
과. 중등 과학 2 1. 여러 가지 운동
연. 고등 과학 1 2. 에너지
계. 고등 물리 I 1. 힘과 에너지
고등 물리 II 1. 운동과 에너지

뉴턴의 다섯 번째 수업은 주차장에서 진행되었다.

뉴턴은 미나에게 트럭을 밀어 보라고 했다. 미나가 있는 힘껏 밀어 보았지만 트럭은 꼼짝도 하지 않았다.

미나가 있는 힘껏 밀었는데도 트럭이 움직이지 않은 이유는 뭘까요? 분명히 트럭은 미나가 작용한 힘을 받았습니다. 그러므로 트럭에 작용한 또 다른 힘이 있습니다. 그 힘은 미나가 트럭을 민 힘과 크기는 같고 방향은 반대여야 합니다. 그 힘은 무엇일까요?

그것은 바로 트럭과 바닥 사이의 마찰력입니다. 마찰력은 물체가 움직이는 걸 방해하는 힘입니다. 이렇게 물체에 힘을 작용했는데도 물체가 움직이지 않을 때는 물체에 작용한 힘과 마찰력이 평형을 이룹니다.

예를 들어, 트럭을 미는 힘이 100N이면 마찰력도 100N입니다. 미는 힘을 +100N이라고 한다면 마찰력은 반대 방향이니까 −100N이 되고 $(+100)+(-100)=0$이므로 트럭이 받은 합력은 0이 된 것입니다. 이렇게 물체가 움직이지 않게 하는 마찰력을 정지 마찰력이라고 합니다.

정지 마찰력은 물체에 작용한 힘과 크기는 같고 방향은 반대이다.

뉴턴은 미나에게 소형차를 밀어 보라고 했다. 미나가 힘껏 밀었더니 차가 움직였다.

이번에는 차가 움직였군요. 소형차는 마찰력을 받지 않을까요? 그렇지는 않습니다. 다만 마찰력이 작아서 물체를 미는 힘과 마찰력이 평형을 이루지 못하기 때문이지요. 즉, 이 경우는 미나가 소형차를 미는 힘의 크기가 마찰력의 크기보다 크기 때문에, 소형차는 미나가 미는 힘의 방향으로 움직인 것입니다.

왜 소형차는 움직이고 트럭은 움직이지 않을까요? 그것은 마찰력이 물체의 수직 항력과 관계있기 때문입니다. 이 경우 수직 항력은 무게와 같습니다. 트럭은 무겁고, 소형차는 가볍습니다. 그런데 마찰력은 물체의 무게(수직 항력)에 비례하기 때문에 무거울수록 움직이기가 힘듭니다. 이때 비례 상수를 마찰 계수라고 합니다.

마찰력 = 마찰 계수 × 무게(수직 항력)

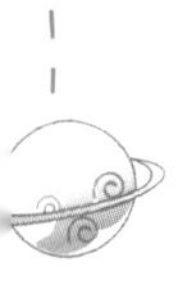

뉴턴은 진흙탕 속으로 소형차를 몰고 가서 세운 후, 미나에게 소형차를 밀어 보라고 했다. 소형차가 밀리지 않았다.

이번에는 왜 소형차가 움직이지 않았을까요? 그것은 소형차의 마찰력이 커졌기 때문입니다.

그런데 이상하군요. 소형차의 무게는 그대로인데, 왜 마찰력이 달라진 걸까요? 그것은 바로 마찰 계수가 달라졌기 때문입니다. 마찰 계수는 바닥의 모양에 따라 달라집니다. 평평한 도로처럼 바닥이 매끄러우면 마찰 계수가 작고, 진흙탕처럼 바닥이 거칠면 마찰 계수가 커집니다.

이번에는 운동 마찰력에 대해 알아봅시다.

뉴턴은 인라인스케이트를 신고 서 있었다. 그리고 태호에게 뒤에서 밀어 보라고 했다. 뉴턴이 앞으로 나아가다가 멈춰 섰다.

왜 계속 움직이지 못하고 멈췄을까요?

그것은 마찰력 때문입니다. 이렇게 마찰력은 물체가 움직이고 있을 때에도 작용합니다. 물체가 움직이고 있을 때에 물체가 받는 마찰력을 운동 마찰력이라고 합니다.

마찰력의 이용

마찰력은 물체의 움직임을 방해하는 힘입니다. 즉, 정지 마찰력은 물체가 움직이지 않게 하는 힘이고, 운동 마찰력은 물체가 멈추게 하는 힘입니다. 그럼 일상생활에서 마찰력을 이용하는 일을 살펴봅시다.

뉴턴은 학생들과 함께 아파트로 들어가 베란다의 큰 유리문을 미나에게 밀어 보라고 했다. 무거워서인지 유리문이 잘 열리지 않았다.

유리문이 잘 열리지 않는 것은 유리문이 무거워 마찰력이 크기 때문입니다.

뉴턴은 창틀에 기름을 부었다. 그리고 미나에게 다시 밀어 보게 했다. 미나가 살짝 밀었는데도 유리문이 스르르 미끄러지며 열렸다.

기름 때문에 창틀과 유리창 사이의 마찰력이 작아졌습니다. 그래서 유리창이 쉽게 열린 것이지요. 이렇게 기름칠을 하면 마찰 계수를 작게 만들어 마찰력을 줄일 수 있답니다. 이런 방법은 기계와 기계가 접촉하는 부분에 윤활유를 칠하는 원리와 같지요.

움직이는 물체가 마찰력을 받으면 왜 멈추는 걸까요? 물체가 힘을 받으면 빨라지지요. 하지만 물체가 움직이는 동안 계속 마찰력을 받으면 마찰력이 움직이는 방향과 반대 방향으로 작용하므로 물체에 작용하는 합력은 점점 작아지지요. 그러니까 물체가 점점 느려지게 됩니다. 그러다가 물체의 속도가 0이 되는 순간에 물체는 멈추게 되는 것이죠. 그러므로 움직이는 물체에 작용하는 마찰력이 작으면 물체는 같은 힘으로 더 먼 곳까지 갈 수 있게 되지요. 이렇게 물체가 잘 움직여야 하는 경우에는 마찰력을 줄이는 것이 중요합니다.

만화로 본문 읽기

뭐야, 수레가 움직이질 않잖아. 어서 좀 밀어 봐.
끙끙. 이게 왜 꿈쩍을 안 하지? 난 분명히 힘을 줘서 밀고 있는데….

태호가 작용한 힘을 받는데도 수레가 움직이지 않은 이유는 수레에 작용한 또 다른 힘 때문이지요. 그 힘은 태호가 수레를 민 힘과 크기는 같고 방향은 반대인 힘이에요.

또 다른 힘이요? 태호 말고는 아무도 없는데요?
그것은 바로 트럭과 바닥 사이의 마찰력이지요. 이렇게 물체에 힘을 주어도 물체가 움직이지 않을 때는 물체에 작용한 힘과 정지 마찰력이 평형을 이룬 거예요.

수레 위의 짐을 몇 개 내리고서 수레를 한번 밀어 보세요.
그런다고 움직일까요?
T

이번엔 움직여요! 똑같은 수레인데 무슨 차이가 있는 것이죠?
이번에는 태호가 수레를 미는 힘의 크기가 마찰력의 크기보다 크기 때문에 수레가 움직인 거예요.

마찰력은 물체의 무게에 비례하기 때문에 무거울수록 움직이게 하기가 힘들지요. 이때 비례 상수를 마찰 계수라고 해요.
아~, 그렇군요. 그럼 빨리 가려면 짐 더 내려야겠네요.

여섯 번째 수업

6

작용과 반작용은 어떤 관계일까요?

두 물체 사이에 작용하는 힘은 어떤 관계일까요?
작용과 반작용의 원리에 대해 알아봅시다.

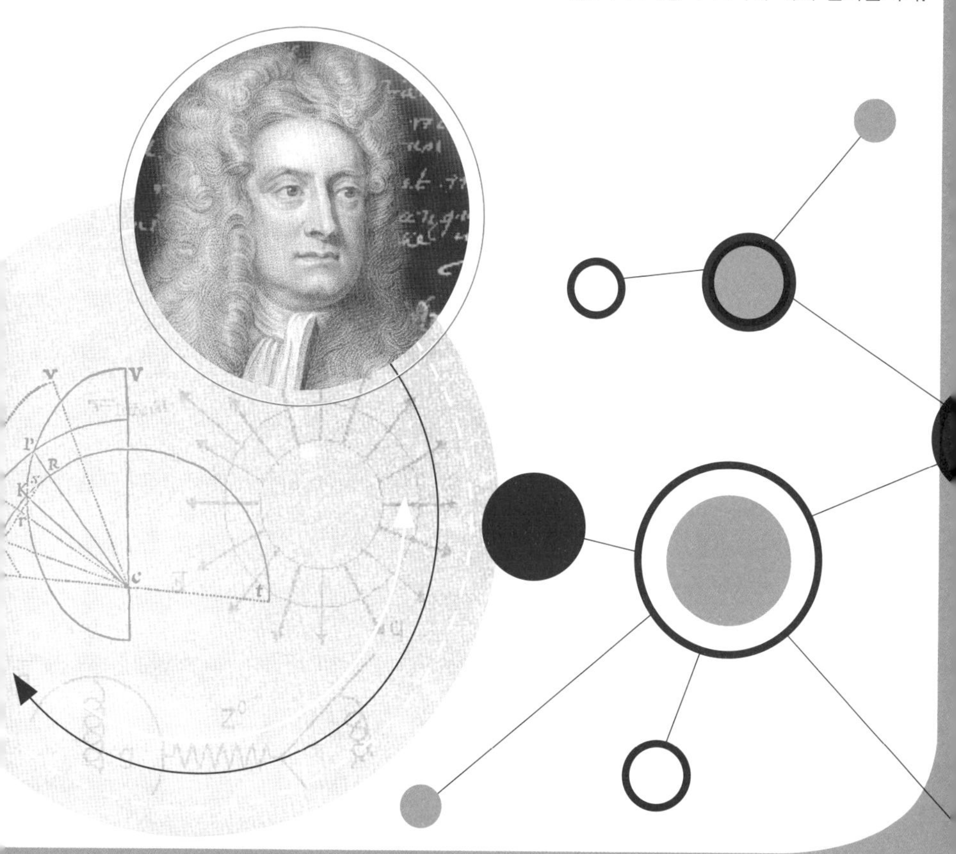

6

여섯 번째 수업

작용과 반작용은 어떤 관계일까요?

교. 과. 연. 계.

중등 과학 1	7. 힘과 운동
중등 과학 2	1. 여러 가지 운동
고등 과학 1	2. 에너지
고등 물리 I	1. 힘과 에너지

뉴턴이 사과 하나를 들고 여섯 번째 수업을 시작했다.

사과가 땅에 떨어지는 것은 지구가 사과를 당기기 때문이라고 했습니다. 그럼 사과는 지구를 당기지 않을까요? 물론 사과도 지구를 당깁니다. 즉, 사과는 지구를 당기고, 지구는 사과를 당깁니다. 이렇게 힘이란 두 물체 사이에 쌍으로 존재합니다. 이때 지구가 사과를 당기는 힘이나 사과가 지구를 당기는 힘이나 크기는 같습니다. 물론 방향은 반대이지요.

사과가 지구를 당기는데 지구는 왜 사과 쪽으로 끌려가지 않을까요? 그것은 지구의 질량이 너무 크기 때문입니다. 같은 힘을 받더라도 무거운 지구는 관성이 커서 잘 움직이지 않으려고 합니다. 반면에 가벼운 사과는 관성이 작아 잘 움직이므로 지구 쪽으로 당겨지는 것입니다.

이때 지구가 사과에 작용한 힘을 작용이라고 하면, 반대로 사과가 지구에 작용한 힘을 반작용이라고 합니다. 그러니까 다음과 같이 말할 수 있습니다.

두 물체 사이에서 작용과 반작용은 크기가 같고 방향은 반대인 힘이다.

뉴턴은 진우에게 뾰족한 돌들이 울퉁불퉁 박혀 있는 벽을 밀게 했다. 물론 벽은 밀리지 않았지만 진우는 뾰족한 돌에 손이 찔려 아픔을 느꼈다.

진우와 벽이라는 두 물체 사이의 작용 반작용을 설명하겠습니다. 진우가 벽을 미는 힘을 작용이라고 하면, 벽도 진우를 같은 크기의 힘으로 밉니다. 그 힘이 바로 반작용이 되지요. 즉, 벽의 반작용은 벽의 뾰족한 돌들이 진우의 손을 누르는 힘이지요. 그 힘 때문에 진우는 손이 아프게 됩니다.

이제 반작용을 눈으로 확인해 보겠습니다.

뉴턴은 미나를 탁자 쪽으로 데리고 갔다. 탁자 위에는 무거운 짐들이 쌓여 있었고 탁자 밑에는 저울이 있었다. 뉴턴은 미나에게 저울에 올라앉으라고 했다. 저울은 미나의 무게인 360N을 가리켰다.

이제 미나의 무게를 늘어나게 해 주겠습니다.

뉴턴은 미나에게 탁자를 위로 힘껏 밀게 했다.

저울의 눈금이 얼마로 변했지요?

__400N입니다.

무게가 얼마나 늘어났나요?

__40N 늘어났습니다.

미나가 탁자를 민 힘이 40N이기 때문에 그만큼 무게에 더해져서 늘어난 것입니다. 그럼 왜 탁자를 민 힘만큼 무게가 늘어났을까요? 그것은 바로 탁자의 반작용 때문입니다. 미나가 탁자를 40N의 힘으로 밀면 탁자도 미나를 40N의 힘으로 밀게 됩니다.

이때 미나에게 작용하는 힘은 아래쪽으로의 중력과 역시 아래쪽으로 작용하는 탁자가 미나를 미는 힘의 합력이 됩니다. 두 힘은 방향이 같습니다. 그러므로 미나에게는 $360 + 40 = 400$N이라는 힘이 아래쪽으로 작용합니다. 그 힘만큼 저울 속의 용수철을 압축시키니까 용수철이 더 많이 압축되겠죠? 그래서 그만큼 더 무게가 나가는 것으로 표시되는 거죠.

몸무게가 더 가벼워지려면 어떻게 하면 될까요?

뉴턴은 저울에 앉아 있는 미나에게 바닥을 두 손으로 힘껏 누르라고 했다.

저울의 눈금이 얼마로 변했지요?

__320N입니다.

무게가 얼마나 줄어들었나요?

__40N 줄어들었습니다.

미나가 바닥을 민 힘이 40N이기 때문에 그만큼 무게가 줄어든 것이죠. 왜 이번에는 바닥을 민 힘만큼 무게가 줄어들었을까요?

그것은 바닥의 반작용 때문입니다.

미나가 바닥을 40N의 힘으로 밀면 바닥도 미나를 40N의 힘으로 밀게 됩니다. 바닥이 미나를 미는 힘은 위로 향하는 방향입니다. 그러므로 미나에게 작용하는 힘은 아래쪽으로의 중력과 위쪽으로 작용하는 바닥이 미나를 미는 힘의 합력이 됩니다. 두 힘은 방향이 반대입니다.

아래 방향을 (+)로 하면 미나에게는 (+360) + (−40) = 320N이라는 힘이 작용합니다. 합력이 (+)이므로 이 힘은 아래 방향으로 작용합니다. 그 힘만큼 저울 속의 용수철을 압축시키니까 용수철이 더 적게 압축되겠지요? 그래서 그만큼 무게가 덜 나가는 것으로 표시되는 것입니다.

작용 반작용에 대한 잘못된 생각

이번에는 작용 반작용에 대해 사람들이 헷갈리는 문제를 살펴보겠습니다.

뉴턴은 짐이 가득 실린 수레에 줄을 달아 진우에게 묶었다. 그리고 수레를 끌게 했다. 수레는 진우가 걸어가는 방향으로 움직였다.

작용 반작용의 원리에 따르면 진우가 아무리 큰 힘으로 수레를 끈다 해도 수레도 진우를 같은 크기의 힘으로 반대 방향으로 잡아당기니까 수레는 움직이지 않아야 합니다. 그런데 왜 진우는 수레를 끌 수 있는 걸까요?

어떤 힘들이 수레와 진우에게 작용하는지 살펴봅시다.

여기서 바닥이 수레에 작용하는 마찰력과 진우가 땅바닥을

왼쪽으로 미는 힘에 대한 반작용으로 땅바닥이 진우를 오른쪽으로 미는 힘이 있습니다. 또한 진우와 수레를 연결한 줄의 장력은 줄이 원래의 길이가 되려는 힘이니까 줄의 가운데 방향을 가리킵니다.

수레와 진우를 나누어 생각해 봅시다. 먼저 수레에 작용하는 힘을 봅시다.

오른쪽으로 향하는 줄의 장력과 왼쪽으로 향하는 수레의 마찰력이 있군요. 그러니까 줄의 장력이 수레의 마찰력보다 크면 수레는 오른쪽으로 움직이게 됩니다.

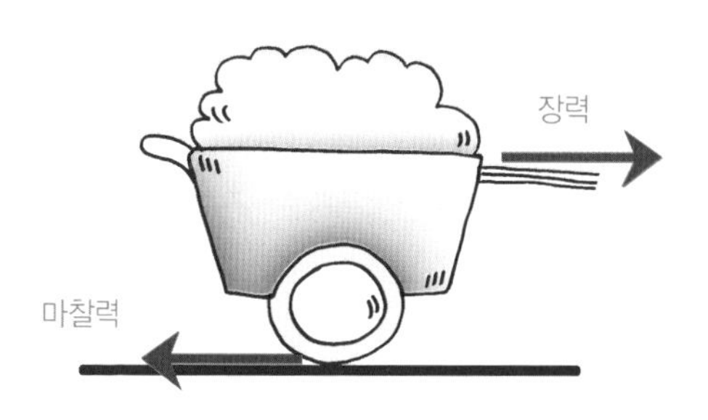

이번에는 진우에게 작용하는 힘을 봅시다.

땅바닥이 진우를 오른쪽으로 미는 힘과 줄의 장력이 있군요. 그러니까 땅바닥이 진우를 오른쪽으로 미는 힘이 줄의 장력보다 크면 진우는 오른쪽으로 움직입니다.

지금까지의 결과를 정리하면 다음과 같습니다.

진우가 움직이기 위한 조건 : 땅바닥이 진우를 미는 힘 > 줄의 장력

수레가 움직이기 위한 조건 : 줄의 장력 > 수레의 마찰력

그러므로 땅바닥이 진우를 미는 힘이 수레의 마찰력보다 크기만 하면 진우와 수레는 모두 움직입니다. 땅바닥이 진우를 미는 힘은 진우가 땅바닥을 미는 힘과 작용 반작용의 관계에 있으므로, 진우가 바닥을 세게 밀수록 수레는 잘 끌려오게 됩니다.

과학자의 비밀노트

장력(tension)

줄에 작용하는 힘의 크기이다. 줄의 무게를 무시할 경우, 장력의 크기는 줄의 모든 부분에서 외력과 같다. 장력이 생기는 근본적인 이유는 줄을 이루는 분자(원자)들이 서로 잡아당기고 있는 전자기력 때문이다. 예컨대 줄에 추를 매달면, 추에 중력이 작용하여 추가 줄을 아래쪽으로 당긴다. 그 반작용으로 줄은 추를 위쪽으로 당긴다.

작용 반작용의 예

작용 반작용의 예를 들어 보겠습니다.

뉴턴은 학생들을 데리고 선착장으로 가서, 학생들과 배에 타고 노를 저었다. 배가 앞으로 나아갔다.

노를 저으면 배가 앞으로 나아가는 것은 바로 작용 반작용의 원리입니다. 노를 힘차게 뒤로 저으면 노가 미는 힘을 강물이 받게 됩니다. 그럼 반작용에 의해 강물도 노를 앞으로 밀게 됩니다. 그러므로 노가 앞으로 밀리는 힘을 받아 배가 앞으로 나아가게 됩니다.

또 다른 예를 봅시다.

뉴턴은 태호와 진우에게 줄다리기를 시켰다. 태호 쪽으로 진우가 끌려갔다.

왜 진우가 태호 쪽으로 당겨 갔을까요? 태호가 더 큰 힘으로 줄을 당겨서일까요? 그건 아닙니다. 두 사람이 줄을 당기는 힘은 줄의 장력과 같습니다. 그러니까 두 사람이 줄을 당기는 힘은 같지요.

그럼 어떤 힘의 차이 때문에 태호가 이겼을까요? 그것은 바로 땅을 미는 힘의 차이 때문입니다. 태호가 땅을 큰 힘으로 밀면 반작용에 의해 땅도 태호를 큰 힘으로 밀어냅니다. 이때 진우가 작은 힘으로 땅을 밀면 땅은 진우를 작은 힘으로 밀어냅니다. 그러므로 땅이 두 사람을 뒤로 밀어내는 힘이 태호가 크기 때문에 태호 쪽으로 두 사람이 움직이게 됩니다.

만화로 본문 읽기

뉴턴 선생님,
잠시 쉬웠다 가요.
그래요.
좀 쉬기로 해요.

휴~. 선생님, 제 배낭은 지구가 당기는 힘에 의해 자꾸 아래로 내려가려고 해서 어깨가 아파요.

하하, 배낭의 무게가 무거울수록 중력을 크게 받을 테니 그렇겠군요.
근데, 왜 지구는 배낭에 의해 당겨지지 않는 걸까요?

같은 힘을 받더라도
무거운 지구는 관성이 커서
잘 움직이지 않으려고 해요.

그러나 상대적으로 가벼운 배낭은 관성이 작아 잘 움직이므로 지구 쪽으로 쉽게 당겨지는 거예요.

와구 와구
그럼 배낭 속 무게라도 줄여서 중력을 덜 받도록 해야겠어요.

일곱 번째 수업

7

원운동을 일으키는 힘은 무엇일까요?

거꾸로 돌린 양동이의 물은 왜 밑으로 쏟아지지 않을까요?
구심력에 대해 알아봅시다.

일곱 번째 수업

원운동을 일으키는 힘은 무엇일까요?

교.과.연.계.		
	중등 과학 1	7. 힘과 운동
	중등 과학 2	1. 여러 가지 운동
	고등 과학 1	2. 에너지
	고등 물리 I	1. 힘과 에너지

뉴턴은 물이 가득 담긴 양동이를 가지고 와서 일곱 번째 수업을 시작했다.

빙글빙글 도는 달은 왜 지구로 떨어지지 않을까요? 달은 지구가 잡아당기는 힘인 만유인력을 받는 데 말입니다. 그것은 바로 구심력이라는 힘 때문입니다. 구심력은 어떤 물체가 원운동을 하게 하는 힘입니다.

뉴턴이 양동이에 물을 가득 받은 후 거꾸로 뒤집었더니 양동이의 물이 쏟아져 내렸다.

양동이의 물이 쏟아진 것은 만유인력 때문입니다. 즉, 지구가 물을 잡아당겼기 때문이지요. 이제 양동이가 뒤집어져도 물이 쏟아지지 않게 해 보겠습니다.

뉴턴은 양동이에 물을 다시 채워 빙글빙글 돌렸다.

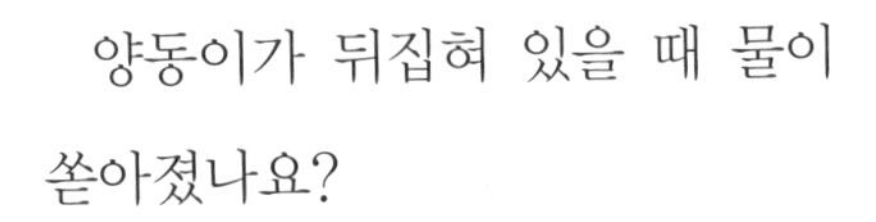

양동이가 뒤집혀 있을 때 물이 쏟아졌나요?

—아니요.

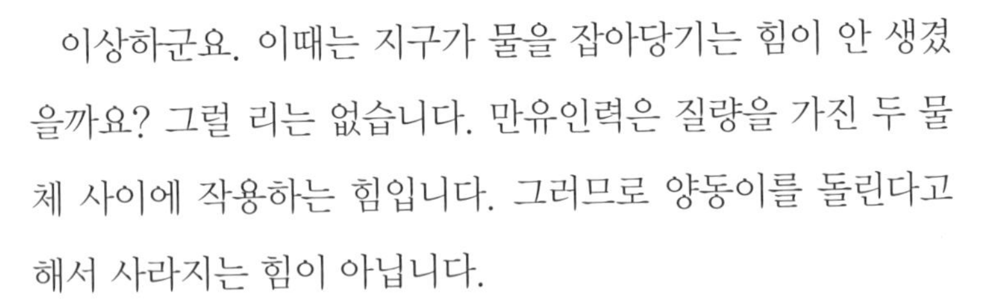

이상하군요. 이때는 지구가 물을 잡아당기는 힘이 안 생겼을까요? 그럴 리는 없습니다. 만유인력은 질량을 가진 두 물체 사이에 작용하는 힘입니다. 그러므로 양동이를 돌린다고 해서 사라지는 힘이 아닙니다.

양동이의 물이 쏟아지지 않은 것은 원을 그리면서 움직이게 하는 힘이 작용하기 때문입니다. 이 힘을 구심력이라고 하는데, 이 경우는 만유인력이 구심력의 역할을 합니다.

구심력에 대해 알아보기 전에 먼저 물체가 곡선을 따라 움직일 때 물체의 속도의 방향을 알아보겠습니다.

뉴턴은 화살표가 달려 있는 모자를 쓰고 직선 길을 따라 걸어갔다.

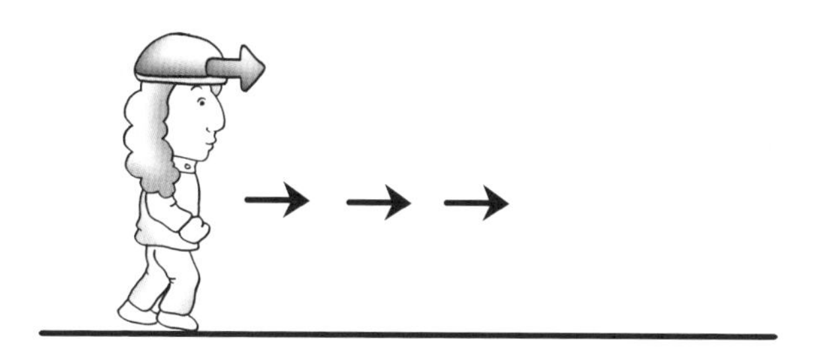

내가 직선을 따라 걸어갈 때 화살표의 방향이 바뀌었나요?

__아니요.

뉴턴은 이번에는 꼬불꼬불한 길을 따라 걸어갔다.

내가 꼬불꼬불한 길을 걸어갈 때 화살표의 방향이 바뀌었나요?

__계속 바뀌었습니다.

이렇게 곡선 길을 따라 걸어갈 때는 화살표의 방향이 바뀌지요? 내 모자에 달린 화살표가 가리키는 방향이 바로 곡선을 따라갈 때 그 지점에서의 속도의 방향입니다. 그러니까 원을 그리며 도는 물체의 속도의 방향은 그림과 같습니다.

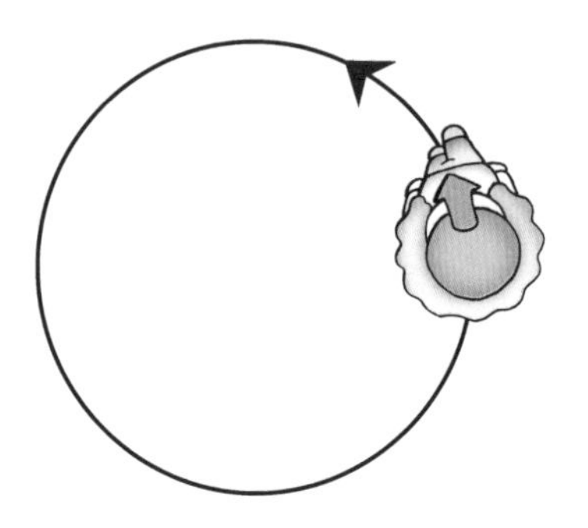

이제 원운동을 할 때 물체의 속도의 방향을 알았으니 물체의 구심력에 대해 알아봅시다. 우리는 물체가 원을 따라 일정한 속력으로 도는 등속 원운동에 대해서만 생각할 것입니다. 물론 원운동에서도 물체가 움직이는 방향이 바뀌니까 속도는 변하지요.

물체의 구심력은 다음과 같습니다.

$$구심력 = \frac{질량 \times 속도^2}{반지름}$$

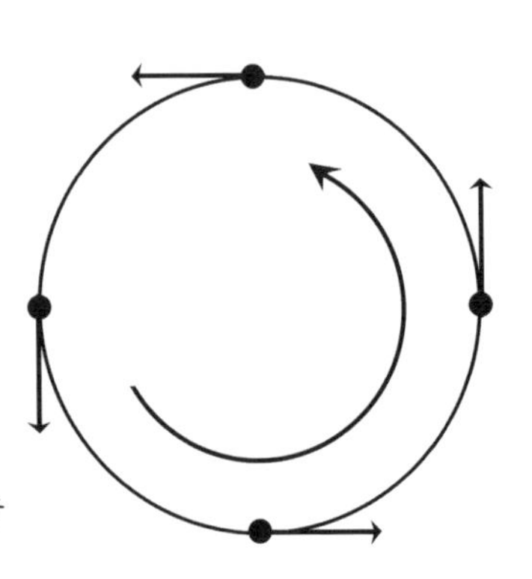

그러니까 주어진 반지름을 갖는 원운동을 하기 위해서는 그만큼의 구심력이 필요합니다. 즉, 속

도가 클수록, 반지름이 작을수록 더 큰 구심력이 필요하지요.

뉴턴은 진우에게 자전거를 타고 반지름이 10m인 원을 돌게 했다. 진우는 아주 쉽게 큰 원을 그리며 돌았다.

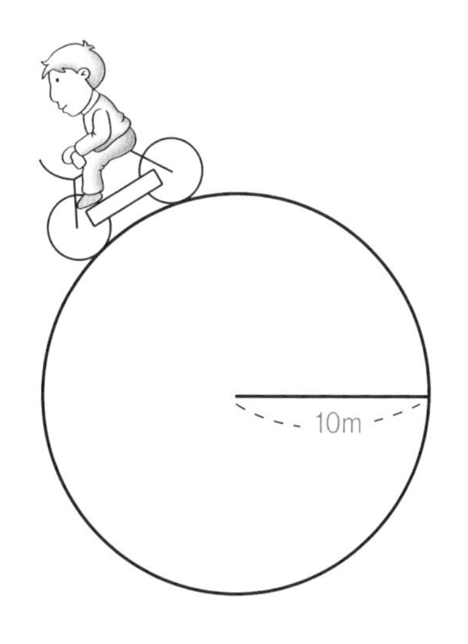

이때 구심력의 역할을 하는 힘은 자전거의 마찰력입니다. 즉, 바퀴와 바닥 사이의 마찰력이 자전거가 원운동을 하게 하는 구심력이 되지요.

뉴턴은 진우에게 같은 속력으로 반지름이 1m인 원을 돌게 했다. 진우는 급회전을 했지만 제대로 돌지 못하고 넘어졌다.

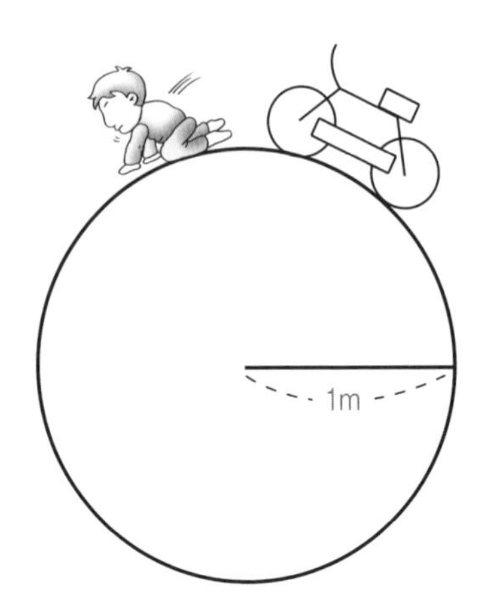

반지름이 작은 원운동을 하지 못했군요. 그것은 반지름이 작아질수록 더 큰 구심력이 필요한데, 자전거의 마찰력이 그에 못 미쳤기 때문입니다.

이번에는 같은 반지름을 가진 원운동에서 속도의 영향을 알아봅시다.

뉴턴은 줄에 돌을 매달아 빙글빙글 돌렸다.

돌이 원운동을 하지요? 이때 돌의 원운동을 일으키는 힘은 바로 줄의 장력입니다. 즉, 줄의 중심 방향으로 향하는 힘이지요. 그러므로 구심력은 항상 원의 중심 방향으로 향하는 힘입니다.

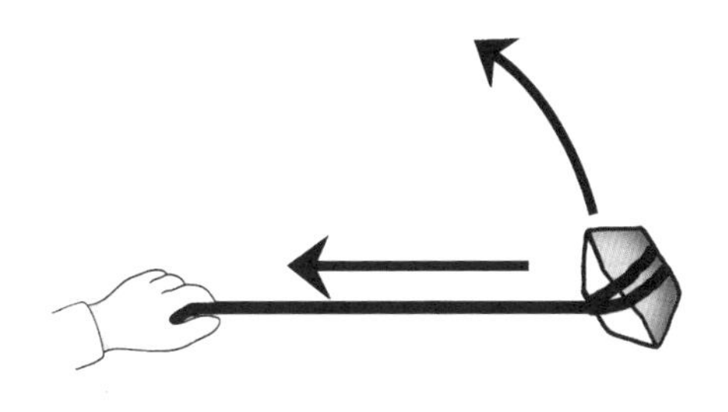

뉴턴은 아주 빠르게 줄을 돌렸다. 줄이 끊어지면서 돌이 멀리 날아가 버렸다.

왜 돌이 빙글빙글 돌지 않고 똑바로 멀리 도망쳤을까요? 그것은 바로 구심력이 사라졌기 때문입니다. 돌은 속도가 커지면 더 큰 구심력이 필요해집니다. 그런데 줄의 장력은 정해져 있으므로 줄의 장력이 필요로 하는 구심력보다 작을 때는 더 이상 줄의 장력이 구심력 역할을 하지 못하게 됩니다. 그러니까 돌이 원운동을 할 수 없게 되지요. 그래서 줄이 끊어지고 돌은 직선 운동을 하게 됩니다.

이런 대표적인 예가 눈 오는 날 자동차가 커브를 돌다가 미끄러지는 현상입니다.

자동차가 커브를 도는 것도 구심력이 있기 때문이지요. 이때 물론 마찰력이 구심력의 역할을 합니다. 하지만 눈길이 되면 마찰력이 작아지므로 차가 회전을 할 수 있는 충분한 구심력이 안 생기게 됩니다. 그러므로 차는 원운동을 하지 못하고 밖으로 미끄러지게 되는 것이지요. 그러니까 눈길에서 커브를 돌 때는 차의 속력을 줄여야 합니다. 구심력이 조금 필요하기 때문이지요.

물체가 원운동을 하기 위해서는 구심력이 필요하다고 했습니다. 이때 물체가 구심력을 받지 못하면 물체에는 더 이상 힘이 작용하지 않으니까 관성의 법칙에 의해 속도가 변하지 않습니다.

예를 들어, 줄에 돌을 매달아 돌리다가 줄이 끊어지면 돌은 더 이상 힘을 받지 않으므로 줄이 끊어지기 직전의 속도의 방향인 원운동의 접선 방향으로 날아가게 됩니다.

구심력을 받지 못해서 물체가 밖으로 밀려나는 현상은 여러 예에서 볼 수 있습니다.

뉴턴은 원판에 미나를 서 있게 하고 원판을 천천히 돌렸다. 미나는 원판을 따라 빙글빙글 돌았다.

미나가 원판에 붙어 돌 수 있게 하는 것은 미나와 바닥 사이의 마찰력입니다.

뉴턴은 원판을 아주 빠르게 돌렸다. 미나는 원판 가장자리로 미끄러지더니 원판 밖으로 떨어졌다.

미나가 원운동을 못하고 바깥으로 밀려났지요? 원판이 빠르게 돌면 미나가 원운동을 하기 위해 필요한 구심력이 더 커질 것입니다. 하지만 미나와 원판 사이의 마찰력이 빠른 속력에 대한 구심력의 역할을 하지 못하므로 미나가 밖으로 미끄러지는 것입니다.

여기서 여러분은 회전하는 미나가 밖으로 밀려나는 것을 바라보게 됩니다. 그때 흔히 미나가 원심력 때문에 밖으로 밀려났다고 얘기합니다. 하지만 그것은 올바른 표현이 아닙니다. 여러분은 미나가 구심력을 받지 못해 밀려났다고 얘기해야 정확한 표현이 됩니다. 원심력이라는 표현은 원판과 함께 돌고 있는 미나가 사용할 수 있는 단어입니다.

그러므로 스케이트 선수가 커브를 돌다가 미끄러지는 것이나 자동차가 눈길 커브를 돌다가 미끄러지는 것도 관찰자 입장에서는 구심력이 사라져서 물체가 원운동을 하지 못한다고 해야 정확한 표현입니다.

원심력

그렇다면 원심력은 뭘까요? 이 힘은 원운동을 하는 관찰자가 같이 원운동하는 물체들의 움직임을 묘사할 때 억지로 집어넣는 힘입니다.

뉴턴은 원판에 미나를 서 있게 하고 그 옆에 커다란 돌멩이를 올려놓았다. 그리고 원판을 돌렸다. 미나와 돌멩이가 원운동을 하기 시작했다.

미나는 원판에서 돌고 있는 관찰자이고, 우리들은 원판 밖에 정지해 있는 관찰자입니다. 두 사람은 서로 다른 모습으로 돌멩이를 바라보고 있습니다.

우리에게 돌멩이는 어떤 운동을 하지요?

— 원운동을 합니다.

그러니까 우리처럼 정지해 있는 관찰자에게는 돌멩이가 구심력을 받아 원운동을 하는 것으로 보이게 됩니다.

미나에게 돌멩이는 어떤 운동을 하지요?

— 아무 운동도 하지 않습니다. 제자리에 정지해 있거든요.

원판 위에서 돌고 있는 미나가 대답했습니다.

바로 이 점입니다. 원판 위에서 돌고 있는 미나의 눈에는 돌멩이가 정지해 있는 것으로 보이게 됩니다. 그렇다면 미나의 기준에서 돌멩이가 받는 힘은 0이 되어야 합니다.

그런데 돌멩이에 작용하는 실제 힘은 원의 중심 방향으로 향하는 구심력뿐입니다. 그래서 미나는 마치 구심력과 반대 방향이고 크기는 같은 어떤 힘이 있다고 여기게 되는데, 그 힘이 바로 원심력입니다. 그러니까 원심력은 실제로 존재하는 힘이 아니랍니다. 원운동을 하는 관찰자가 억지로 넣어준 힘이니까요. 그래서 원심력이라는 단어를 함부로 사용하면 안 됩니다.

원심력이라는 단어를 많이 사용하는 사람으로 스포츠 해설자를 들 수 있습니다. 하지만 쇼트 트랙을 해설하는 사람은 쇼트 트랙 선수와 함께 코너를 돌지 않습니다. 그러니까 선수가 커브를 돌다가 미끄러졌을 때 원심력 때문이라고 말하면 틀린 해설이 되지요.

정확하게 해설하려면 구심력을 못 받아서 코너를 도는 원운동을 하지 못해 미끄러졌다고 해야 할 것입니다.

만화로 본문 읽기

턴 선생님, 지구와
사이에는 만유인
이 작용하지 않나
?
당연히 만유인력이 작용하지요.

그럼 달은 빙글빙글 돌기만 하고 왜 지구로 안 떨어지나요?
그것은 구심력이라는 힘이 있기 때문이에요.

여기 장난감 우주선에 줄이 연결되어 있어요. 이걸 한번 돌려 볼게요?

이렇게 우주선은 원운동을 하지요. 이때 우주선의 원운동을 일으키는 힘이 구심력이랍니다. 즉, 줄의 중심 방향으로 향하는 힘에 의해 우주선은 도망치지 않고 돌게 돼요.

그럼 달도 구심력이라는 힘 때문에 지구 주변을 돌고 있는 거군요.

맞아요. 그러나 만약 지구와 달 사이에 작용하는 만유인력이 지금보다 약해지면 달은 지구 주위를 돌지 않고 멀리 도망가게 된답니다.

그리고 반대로 만유인력이 지금보다 커지면 달은 지구로 떨어져 충돌하게 될 거고요.
헉!

여덟 번째 수업

8

충격력이란 무엇일까요?

기왓장을 빠르게 내리치면 깨지는 이유는 뭘까요?
운동량과 충격력에 대해 알아봅시다.

8

여덟 번째 수업

충격력이란 무엇일까요?

교. 과. 연. 계.		
	초등 과학 5-1	4. 물체의 속력
	중등 과학 1	7. 힘과 운동
	중등 과학 2	1. 여러 가지 운동
	고등 과학 1	2. 에너지
	고등 물리 I	1. 힘과 에너지
	고등 물리 II	1. 운동과 에너지

뉴턴의 여덟 번째 수업은 운동장에서 진행되었다.

뉴턴은 질량이 30kg인 미나와 질량이 60kg인 태호에게 인라인스케이트를 신게 하고 두 사람을 똑같은 힘으로 밀었다.

미나는 잘 움직이는 반면, 태호는 잘 안 움직이지요? 그건 태호의 질량이 크기 때문입니다. 질량이 크면 관성이 크니까 운동 상태를 변화시키기 어렵지요. 이렇게 정지해 있는 물체의 관성은 질량과 관계가 있습니다.

그렇다면 움직이고 있는 물체의 관성은 무엇과 관계있을까요? 정지해 있는 물체를 움직이게 하기 어려운 정도를 정지해 있는 물체의 관성이라고 한다면, 움직이고 있는 물체를 멈추게 하기 어려운 정도는 움직이는 물체의 관성이라고 말할 수 있습니다.

뉴턴은 미나에게 아주 빠르게 뛰어오게 했다. 그리고 태호에게는 달리는 미나를 멈추게 하라고 했다. 하지만 태호는 미나를 멈추게 하려다 자신이 부딪쳐 넘어졌다.

뉴턴은 태호에게 아주 천천히 걸어오게 하고, 미나에게 태호를 멈추게 하라고 했다. 미나가 길을 막자마자 태호는 멈췄다.

왜 태호가 미나보다 무거운데 태호는 멈추게 하기 쉽고 미나는 멈추게 하기 어려운가요? 그것은 미나가 빠르기 때문입니다. 움직이고 있는 물체의 관성은 질량뿐 아니라 속도도 고려해야 합니다.

태호가 1m/s의 속도로 걸어오는 경우와 10m/s의 속도로 뛰어오는 경우 중 언제 태호를 멈추게 하기 어려울까요? 당연히 10m/s의 속도로 달려올 때입니다. 그러니까 다음과 같은 사실을 알 수 있습니다.

질량이 같을 때는 속도가 클수록 물체를 멈추게 하기 어렵다.

이번에는 미나와 태호가 같은 속도로 뛰어온다고 해 봅시다. 누구를 멈추게 하기 어려울까요? 물론 태호입니다. 그러니까 다음 사실을 알 수 있습니다.

속도가 같을 때는 질량이 클수록 물체를 멈추게 하기 어렵다.

물체가 움직이는 것을 멈추게 한다는 것은 물체의 운동 상태를 변화시키는 일입니다. 그런데 물체의 질량이 클수록, 그리고 속도가 빠를수록 운동 상태를 변화시키기 어렵습니다. 그러므로 운동하고 있는 물체가 자신의 운동 상태를 그대로 유지하고 싶어 하는 성질을 관성이라고 하면, 이때 관성은 질량과 속도가 클수록 커지게 되지요. 따라서 '질량×속도'가 운동하는 물체의 관성을 나타내는데, 이것을 물체의 운동량이라고 합니다. 이때 속도는 방향이 있으므로 운동량도 방향을 따져 주어야 합니다.

충격력 이야기

뉴턴은 학생들을 당구장으로 데리고 갔다. 그리고 큐(당구봉)로 공

을 쳤다. 공은 당구대 위로 굴러갔다.

정지해 있던 공이 움직인 이유는 내가 큐로 쳤기 때문입니다. 그러니까 큐로 때린 힘이 공에 작용하여 공의 속도가 변한 것이지요. 이때 공에 힘이 작용한 시간은 큐가 공에 붙어 있는 순간이므로 아주 짧습니다. 이렇게 짧은 시간 동안 작용하는 힘을 충격력이라고 합니다.

힘을 받은 공은 다음 식을 만족합니다.

충격력 = 질량 × 가속도

여기서 가속도는 속도 변화를 시간으로 나눈 값입니다. 그러므로 다음과 같지요.

$$충격력 = \frac{질량 \times 속도의\ 변화}{시간}$$

질량과 속도의 곱이 운동량이므로, 질량과 속도의 변화의 곱은 운동량의 변화입니다.

$$충격력 = \frac{운동량의\ 변화}{시간}$$

이 식을 다음과 같이 쓸 수도 있습니다.

$$충격력 \times 시간 = 운동량의\ 변화$$

그러니까 물체에 짧은 시간 동안 충격력을 작용하면 물체의 운동량이 변하게 됩니다.

예를 들어, 정지해 있던 질량이 2kg인 물체에 100N의 힘을 0.1초 동안 작용하면 물체의 속도는 얼마가 될까요?

'충격력 × 시간 = 운동량의 변화'에서 100 × 0.1 = 2 × 새로운 속도 − 2 × 0이 되므로, 새로운 속도는 5m/s가 됩니다. 물론 더 큰 충격력을 작용하면 새로운 속도는 더 커질 수 있습니다.

반대로 운동량의 변화가 충격력을 만들어 낼 수 있을까요?

예를 들어, 질량이 1kg인 야구공이 10m/s의 속도로 벽을 향해 날아가서 벽과 부딪친 후 반대 방향으로 5m/s의 속도로 튀었다고 합시다. 이때 야구공의 운동량의 변화는 얼마일까요?

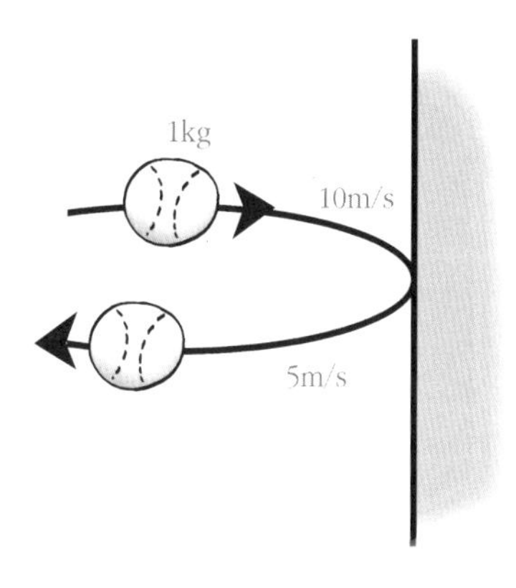

오른쪽으로 움직이는 속도를 (+)로 택합시다. 그럼 충돌 전후의 운동량은 다음과 같지요.

충돌 전 운동량 = 1kg × 10 m/s = 10kg·m/s

충돌 후 운동량 = 1kg × (−5m/s) = −5kg·m/s

그러므로 운동량의 변화는 다음과 같지요.

운동량의 변화량 = (−5) − (+10) = −15kg·m/s

무엇이 야구공의 운동량을 변하게 했을까요? 그것은 야구공이 벽과 접촉해 있는 동안 벽이 야구공에 작용한 충격력과 힘이 작용한 시간과의 곱입니다. 벽과 야구공이 접촉한 시간이 0.1초라면 '충격력 × 시간 = 운동량의 변화량'으로부터 충격력 × 0.1 = −15가 되므로, 이때 충격력은 −150N이 됨을 알 수 있습니다. 여기서 (−)부호는 힘이 왼쪽으로 작용한다는 것을 의미합니다.

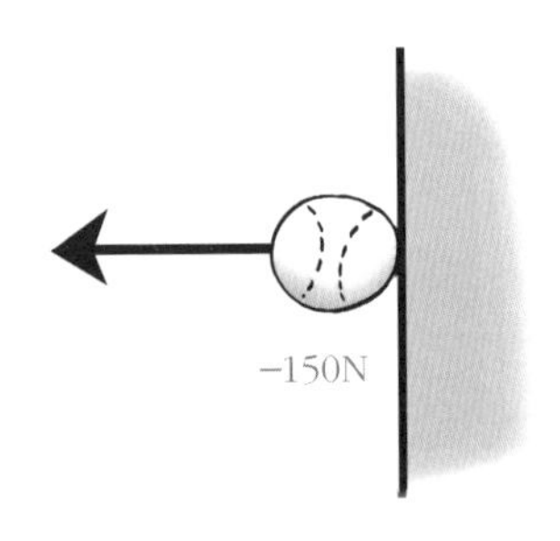

그런데 작용 반작용의 원리에 의하면 공도 크기가 같고 방향이 반대인 힘을 벽에 작용합니다. 즉, 야구공이 벽에 작용한 충격력은 150N입니다. 예를 들어, 유리창이 야구공에 맞아 깨지는 것은 야구공이 유리창에 작용한 충격력 때문입니다.

이렇듯 두 물체의 충돌 과정에서는 서로가 서로에게 크기가 같고 방향이 반대인 충격력을 작용합니다. 투수가 던진 야구공을 야구 방망이로 때리는 경우는 야구공과 야구 방망이의 충돌 문제입니다. 이때 야구공이나 야구 방망이나 같은 크기의 충격력을 받게 되지요. 그러므로 아주 짧은 시간 동안 큰 충격력을 받은 야구공은 납작하게 모양이 변합니다.

물론 이렇게 큰 충격력을 받아 야구공의 모양이 변해 있는 시간은 아주 짧아 약 1,000분의 몇 초 동안뿐입니다.

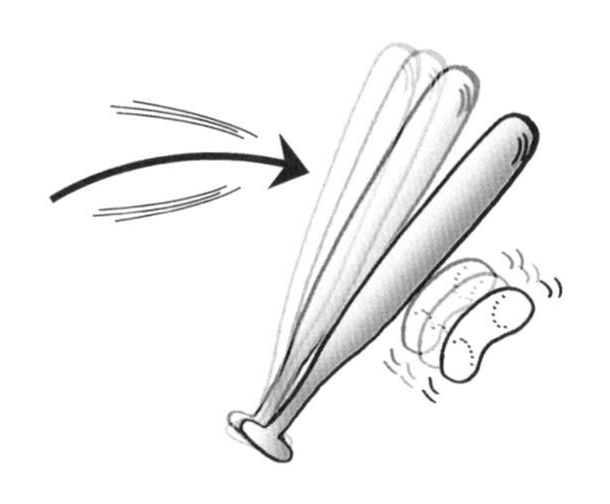

충격력의 공식을 다시 봅시다.

$$충격력 = \frac{운동량의\ 변화}{시간}$$

이 식을 자세히 보면 운동량의 변화가 클수록 그리고 시간이 짧을수록 충격력이 크다는 것을 알 수 있습니다.

뉴턴은 조그만 사기 구슬을 콘크리트 바닥에 떨어뜨렸다. 구슬은 산산조각이 났다.

사기 구슬이 박살이 난 것은 큰 충격력을 받았기 때문입니다. 이것은 사기 구슬과 단단한 콘크리트 바닥이 충돌한 시간이 아주 짧기 때문이지요.

뉴턴은 조그만 사기 구슬을 솜 위에 떨어뜨렸다. 구슬은 조금도 깨지지 않았다.

사기 구슬이 안 깨졌지요? 이것은 사기 구슬이 약한 충격력을 받았기 때문입니다. 똑같은 높이에서 떨어졌는데 왜 충격력이 달라졌을까요? 그것은 솜에 떨어질 때는 솜과 충돌하는 데 걸리는 시간이 길어지기 때문입니다.

차를 타고 달리다가 브레이크가 고장 났을 때 단단한 벽과 부딪치면 큰 충격력을 받지만, 모래가 쌓여 있는 곳이나 건초더미에 부딪힌다면 차의 운동량의 변화는 같지만 힘이 작용하는 시간은 길어져 차에 작용하는 충격력이 작아지는 원리와 같습니다.

높은 곳에서 떨어질 때 발, 무릎, 엉덩이, 배를 차례로 구부려 충돌 시간을 길게 하면 작은 충격력을 받을 수 있지요.

반대로 태권도 선수가 기왓장을 깰 때, 기왓장과 손이 접촉하는 시간을 짧게 하면 큰 충격력으로 기왓장을 격파할 수 있습니다.

만화로 본문 읽기

어어어~,
빨리 비켜! 비키라고!
다다다
걱정하지 마. 내가
멈추게 해 줄게.

아야!
쾅
아이쿠! 어째서 내가
미애보다 무거운데
멈추게 하기 어려운
거지?

그것은 미애가 빠르기 때문이에요. 움직
이고 있는 물체의 관성은 질량뿐 아니
라 속도도 고려해야 해요. 그래서 질량
이 같을 때는 속도가 클수록 물체를 멈
추게 하기 어렵답니다.

그럼 미애와 태호가 같은
속도로 뛰어온다고 하면 누
구를 멈추게 하기가 어려울
까요?
글쎄요?

속도가 같을 때는 질량이
클수록 물체를 멈추게 하
기 어렵지요.
그럼 태호겠네요!

물체가 자신의 운동 상태를 그대로 유
지하고 싶어 하는 성질을 관성이라고
해요. 이때 관성은 (질량)×(속도)로 나
타내는데, 이것을 물체의 운동량이라고
한답니다.
그렇군요.
끼이익!!

마 지 막   수 업 9

운동량 보존 법칙은 무엇일까요?

두 물체가 충돌할 때는 어떤 것이 달라지지 않을까요?
운동량 보존 법칙에 대해 알아봅시다.

9

마지막 수업

운동량 보존 법칙은 무엇일까요?

교과연계	
초등 과학 5-1	4. 물체의 속력
중등 과학 1	7. 힘과 운동
고등 과학 1	2. 에너지
고등 물리 I	1. 힘과 에너지
고등 물리 II	1. 운동과 에너지

뉴턴이 아쉬워하며 마지막 수업을 시작했다.

두 물체가 서로 다른 속도로 움직이다가 충돌하면 두 물체의 속도가 달라집니다. 따라서 두 물체의 운동량도 달라지지요. 하지만 아무렇게나 달라지지는 않습니다.

두 물체가 충돌할 때는 충돌하기 전에 두 물체가 가지고 있던 운동량의 총합과 충돌한 후 두 물체가 가진 운동량의 총합이 같아지는데, 이것을 운동량 보존 법칙이라고 합니다.

뉴턴은 학생들을 당구장으로 데리고 가서 흰 공을 쳐서 정지해 있던 빨간 공을 맞혔다. 이때 흰 공은 정지하고 빨간 공만 움직였다.

흰 공과 빨간 공의 충돌 문제입니다. 흰 공은 내가 큐로 친 힘을 받아 어떤 속도를 가지고 움직였고, 빨간 공은 정지해 있었습니다. 공의 질량을 1kg이라고 하고, 흰 공이 굴러가는 속도를 10m/s라고 합시다. 충돌 전 상황을 그림으로 나타내면 다음과 같습니다.

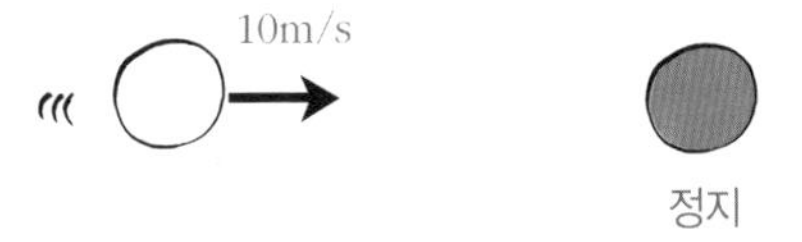

오른쪽으로 움직일 때 속도를 (+)라고 하고, 왼쪽으로 움직일 때 속도를 (−)라고 합시다. 그럼 충돌 전에 흰 공과 빨간 공의 운동량은 다음과 같습니다.

흰 공의 운동량 = 1kg × 10m/s = 10kg · m/s

빨간 공의 운동량 = 1kg × 0 = 0

따라서 충돌하기 전 두 공의 운동량의 합은 10kg·m/s입니다. 충돌 후 빨간 공의 속도를 모른다고 합시다. 그 속도를 □m/s라고 합시다. 그럼 충돌 후 두 공의 운동량은 다음과 같습니다.

흰 공의 운동량 = 1kg × 0 = 0

빨간 공의 운동량 = 1kg × □m/s = □kg·m/s

따라서 충돌 후 두 공의 운동량의 총합은 □kg·m/s이 됩니다. 그런데 운동량 보존 법칙에 의해 충돌 전과 충돌 후 운동량의 총합이 같습니다.

충돌 전 운동량의 총합 = 충돌 후 운동량의 총합

10 = □로부터 충돌 후 빨간 공의 속도는 충돌 전 흰 공의 속도인 10m/s가 됩니다. 그러므로 흰 공의 운동량이 충돌 후 모두 빨간 공에 전해졌다는 것을 알 수 있습니다.

두 물체가 충돌 후 하나가 되어 움직일 때는 어떻게 될까요? 질량이 1kg으로 같은 두 공이 충돌한 후 하나가 되어 움직이는 경우를 봅시다.

예를 들어, 속도 10m/s로 오른쪽으로 움직이는 흰 공이 정지해 있던 빨간 공과 부딪쳐서 하나가 되어 움직인다고 합시다.

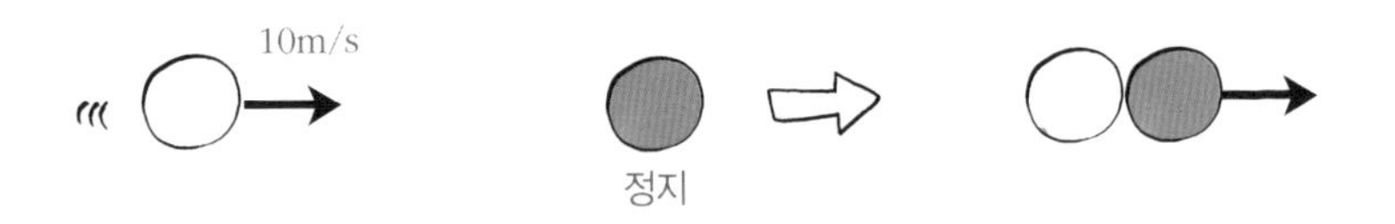

충돌 전 운동량의 합은 1kg × 10m/s = 10kg · m/s입니다. 충돌 후 두 공은 하나가 되어 움직였으므로 충돌 후에는 질량이 2kg인 하나의 물체로 생각할 수 있습니다. 이 물체의 속도를 □m/s라고 하면 '충돌 전 운동량의 합 = 충돌 후 운동량의 합'으로부터 10 = 2 × □가 되어 □ = 5가 됩니다. 그러니까 충돌 후 하나가 된 물체는 5m/s의 속도로 오른쪽으로 움직이게 됩니다.

폭발에 대한 강의

정지해 있던 폭탄이 터지면 여러 개의 조각이 제각각 다른 속도로 튀어 나가는 것을 볼 수 있습니다. 이렇게 정지해 있던 하나의 물체가 두 개 이상의 물체로 분리되는 과정을 폭발이라고 하는데, 이 경우 역시 운동량 보존 법칙을 써서 조각들의 속도를 알 수 있습니다.

뉴턴은 학생들을 사격장으로 데리고 갔다. 진우가 총을 쏘자 총열이 뒤로 반동해 진우를 건드렸다.

총알이 튀어 나가면 총열이 뒤로 반동을 합니다. 이것도 폭발 문제입니다. 예를 들어, 질량이 10kg인 총에 질량이 1kg인 총알을 넣었다고 합시다. 방아쇠를 당겼더니 총알이 오른쪽으로 30m/s의 속도로 날아갔다고 합시다. 이때 총은 얼마나 빠른 속도로 움직일까요?

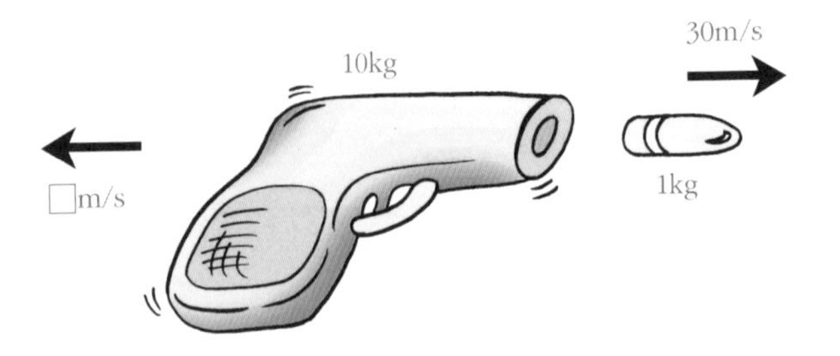

총알이 발사되기 전에는 총과 총알이 분리되지 않았습니다. 총이나 총알이나 모두 정지해 있었지요. 그러니까 총알이 발사되기 전의 운동량의 총합은 0입니다.

이제 질량이 1kg인 총알이 30m/s의 속력으로 오른쪽으로 발사되었다고 합시다. 이때 총이 움직이지 않는다면 운동량 보존 법칙이 성립하지 않게 됩니다. 그러므로 총도 움직여야 합니다. 총이 움직이는 속도를 □m/s라고 합시다. 그럼 총의 운동량은 10 × □가 되지요. 그러므로 총알이 발사된 후 운동량의 총합은 1 × 30과 10 × □의 합입니다. 이제 총알과 총이 분리되기 전후의 운동량 보존 법칙을 써 봅시다.

분리 전 운동량의 합 = 분리 후 운동량의 합

$$0 = 1 \times 30 + 10 \times \square$$

이 식에서 □를 구하면 □ = −3입니다. 그러므로 총은 왼쪽으로 3m/s의 속도로 움직입니다. 이것을 총의 반동 속도라고 합니다. 그러므로 총알이 무거울수록 그리고 총알이 빠를수록 총의 반동 속도도 커지게 되지요.

과학자의 비밀노트

운동량 보존 법칙(law of conservation of momentum)

외력이 존재하지 않을 때, 물체나 계가 충돌 전후에 전체 운동량의 합이 보존된다는 법칙이다. 에너지 보존 법칙과 함께 자연 현상을 지배하는 가장 기초적인 법칙이다. 뉴턴이 발견한 운동의 제3법칙인 작용 반작용의 법칙으로부터 유도된다. 충돌 전후에 에너지의 소실이 없는 완전 탄성 충돌뿐 아니라 에너지의 소실이 생기는 비탄성 충돌이 일어나도 전체의 운동량은 보존된다.

만화로 본문 읽기

야호! 이겼다.
태호 군이 잘하네요.

뉴턴 선생님, 궁금한 게 있는데요. 왜 제가 던진 구슬은 그 자리에서 멈추는데, 앞의 구슬은 나가는 거죠.
그것은 운동량 보존 법칙 때문이에요.
운동량 보존 법칙이요?

물체가 충돌하기 전에 가지고 있던 동량의 총합과 충돌한 후 두 물체가 지게 되는 운동량의 총합이 같다는 이 운동량 보존의 법칙입니다.
아~

그럼 만약 같이 움직이는 경우는 어떻게 되는 건가요?

예를 들어 1kg의 구슬이 20m/s로 오른쪽으로 움직여 정지해 있는 1kg의 구슬과 부딪쳐 하나가 되어 움직인다고 합시다. 정지해 있던 구슬의 운동량은 0이므로, 충돌 전 두 구슬의 운동량의 합은 0+1kg×20m/s=20kg · m/s이 됩니다.

고 충돌 후 두 구슬은 2kg인 하나 물체로 생각할 수 있으므로, 운동량 의 법칙에 따라 다음 식이 성립합 . 20kg · m/s=2kg×10m/s

속도가 느려지네요. 이렇게 같이 붙어 다니면 불편해지는 원리인 거군요.
이건 아닌 것 같은데….

부 록

포스 섬 대탈출

이 글은 저자가 창작한 과학 동화입니다.

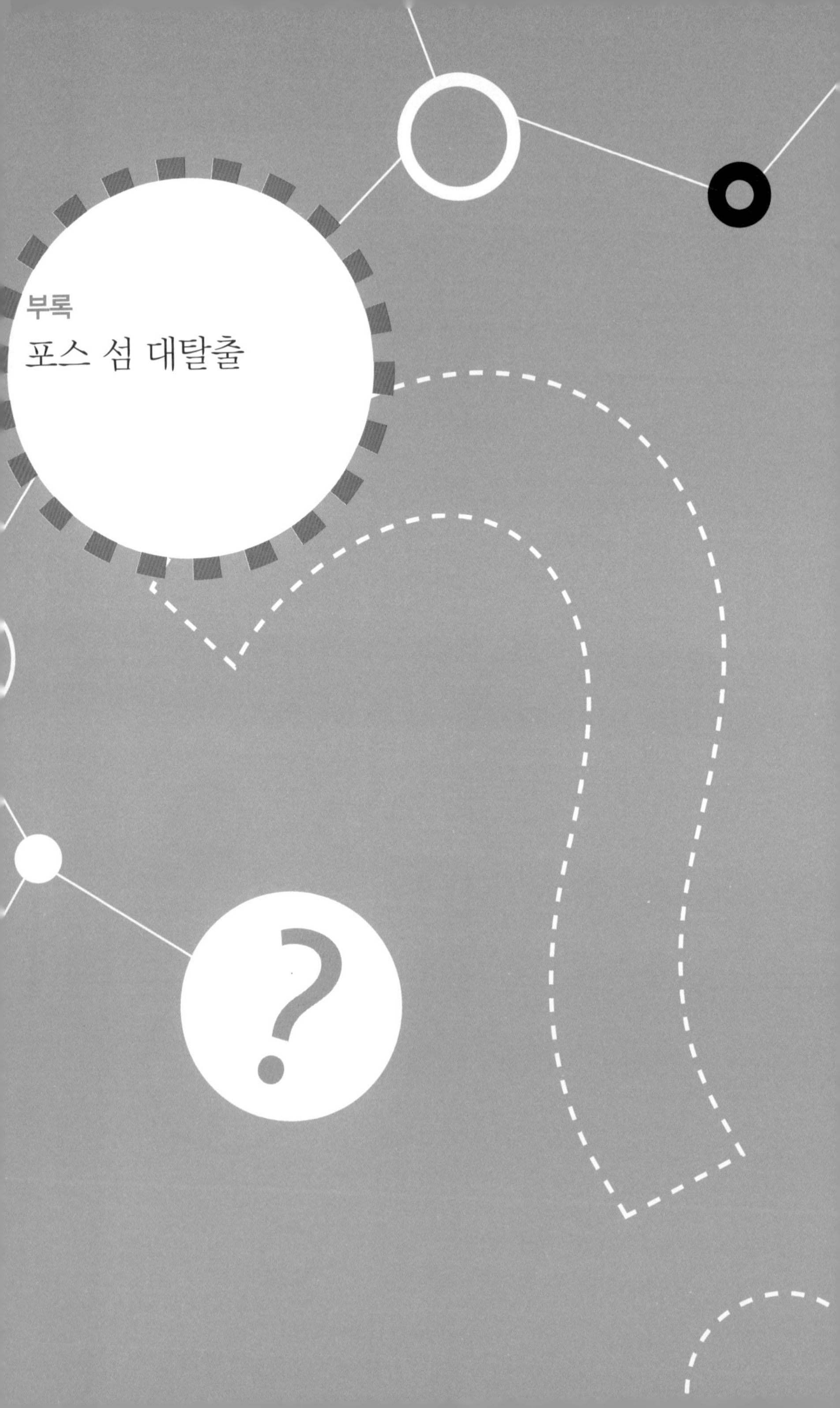

부록

포스 섬 대탈출

뉴통은 물리를 아주 좋아하는 초등학생입니다.

뉴통은 최근에 힘과 운동에 대한 책을 읽고 있었습니다. 뉴통의 어머니는 항상 뉴통을 찾으러 다닙니다.

"뉴통! 뉴통!"

어머니의 목소리는 뉴통이 누워 있는 집 앞 언덕에까지 울려 퍼졌습니다. 하지만 뉴통의 귀에는 아무 소리도 들리지 않습니다. 뉴통이 또 무언가를 골똘히 생각하고 있기 때문입니다.

"힘과 운동에 대한 새로운 이론은 없을까?"

뉴통이 집 앞 언덕에 누워 중얼거립니다.

결국 어머니는 언덕에 누워 있는 뉴통을 일으켜 집으로 데리고 갑니다. 그러지 않고는 물리에 미쳐 있는 뉴통에게 밥을 먹일 수 없기 때문입니다.

하지만 이런 뉴통도 옆집에 사는 유니라는 여자아이에게는 꼼짝 못합니다. 유니는 물리에 관심이 없습니다. 그래서 뉴통이 물리에 대해 얘기만 하면 자주 삐치곤 합니다. 하지만 두 사람은 아주 친한 단짝입니다.

어느 날 유니가 뉴통의 집에 찾아왔습니다.

"뉴통, 헬리콥터 안 타 볼래?"

유니가 물었습니다.

"웬 헬리콥터?"

뉴통이 놀라서 물었습니다.

"우리 삼촌이 공군이잖아. 오늘 급한 일로 헬리콥터를 타고 왔는데 우릴 태워 주시겠대."

"헬리콥터가 뜨는 원리는 헬리콥터의 무게보다 더 강하게 위로 작용하는 힘이 생기기 때문이지……."

뉴통이 혼잣말로 중얼거렸습니다. 유니는 뉴통이 물리 생각에 잠긴 걸 보고 입을 삐죽 내밀었습니다.

'앗! 유니가 있었지.'

뉴통은 유니가 앞에 있다는 걸 그제야 깨달았습니다. 유니는 조용히 자신의 입에 손을 가져다 대었습니다. 그것은 유니가 뉴통이 물리 얘기를 할 때마다 하는 행동입니다. 뉴통은 더 이상 물리 얘기를 하지 않았습니다. 유니가 물리를 별로 좋아하지 않기 때문이지요.

뉴통은 유니를 따라 헬리콥터가 있는 곳으로 갔습니다.

"어서들 와라. 시간이 없으니까 빨리 타야 해."

유니의 삼촌은 키가 훤칠한 군인 아저씨였습니다. 유니의 삼촌은 조종석에 앉고 유니와 뉴통은 뒷좌석에 앉았습니다. 드디어 세 사람이 탄 헬리콥터의 프로펠러가 힘차게 회전하더니 위로 올라갔습니다. 위에서 내려다보는 마을의 모습은 아주 평화로워 보였습니다.

헬리콥터는 잠시 후 바다로 빠져나갔습니다. 갈매기 떼가 헬리콥터 옆을 빠르게 지나가는 모습이 보였습니다.

'여기서 물체를 떨어뜨리면 바다까지 몇 초 만에 떨어질까?'

뉴통은 스스로 물리 문제를 만들어 생각하고 있었습니다. 유니는 파란 바다를 보느라 정신이 팔려 뉴통이 물리 얘기를 하는 것을 못 들었습니다.

갑자기 질풍이 헬리콥터를 덮쳤습니다. 헬리콥터가 공중에서 여러 번 회전하더니 두 사람은 공중에 떠 있었습니다.

"살려 줘."

유니는 겁에 질려 소리쳤습니다.

'이제 내가 받는 힘은 지구가 잡아당기는 만유인력밖에 없군. 그 힘은 지구의 중심 방향이니까 나는 똑바로 아래로 내려가는 거야.'

뉴통은 그 와중에도 물리 생각을 하고 있었습니다. 점점 땅에 있는 사물들이 크게 보이기 시작했습니다.

"뉴통! 어떻게 좀 해 봐."

유니가 소리쳤습니다.

그때야 비로소 뉴통은 아래를 쳐다보고는 두 사람이 공중에 떠 있다는 걸 알았습니다.

"유니, 나를 꼭 잡아!"

뉴통이 침착한 목소리로 유니에게 말했습니다. 유니는 뉴통의 몸을 두 손으로 감아쥐었습니다. 잠시 후 뉴통의 등에 멘 가방에서 작은 낙하산이 펼쳐졌습니다.

"유니야! 우리는 지구가 잡아당기는 만유인력이라는 힘 때문

에 떨어지는 거야. 사람은 떨어지면서 점점 속도가 커지게 되거든. 그러면 땅과 큰 속도로 부딪치니까 낙하산이 없으면 아주 위험하지."

뉴통이 침착하게 자신들이 아래로 내려가는 이유를 설명해 주었습니다.

"근데 왜 낙하산을 펼치면 천천히 떨어지는 거지?"

유니도 마음의 안정을 찾은 듯, 뉴통에게 궁금한 것을 물어보았습니다.

"공기 저항 때문이야. 종이를 펼쳐서 떨어뜨리면 천천히 떨어지지? 그건 종이가 공기와 충돌하는 넓이가 크기 때문이야. 공기와 충돌하면 떨어지는 물체의 속도가 작아지거든."

"아! 그래서 낙하산을 크게 만드는 거군."

두 사람 아래로 조그만 섬이 보였습니다. 섬은 동그란 모습으로 가운데에 그리 높지 않은 산이 있었습니다. 두 사람은 섬의 가장자리에 착륙했습니다.

"삼촌!"

유니가 삼촌을 불러 보았습니다. 하지만 헬리콥터도 삼촌도 보이지 않았

습니다.

"여긴 무인도인가 봐."

유니가 무서워하는 표정으로 말했습니다.

"글쎄."

뉴통은 뭔가 생각에 골똘히 잠겨 있었습니다.

"저길 봐!"

유니가 무언가를 발견한 듯 소리쳤습니다. 유니가 가리킨 곳에는 두 사람이 앉을 수 있는 의자가 있는 조그만 수레가 레일 위에 있었습니다.

"사람이 살고 있어. 그렇지 않다면 수레가 있을 리 없잖아."

뉴통이 말했습니다.

"이 수레를 타고 가면 사람들을 만날 수 있을까?"

순간 유니의 배에서 꼬르륵 소리가 났습니다. 유니가 배가 많이 고픈 모양입니다.

두 사람은 수레에 탔습니다. 수레 앞쪽에는 굵은 용수철이 매달려 있었습니다.

"이건 뭐지?"

유니가 물었습니다.

"이 수레는 용수철의 탄성력을 이용해 움직여."

뉴통이 용수철을 보자마자 용수철이 붙어 있는 이유를 설명했습니다.

"탄성력? 그게 뭐지?"

"용수철을 잡아당기면 용수철은 원래의 길이로 되돌아가려고 하는 힘이 생겨. 그게 바로 용수철의 탄성력이야."

뉴통이 말하는 순간 유니가 빨간 레버를 뒤로 당겼습니다. 순간 수레가 엄청나게 빠른 속도로 레일을 타고 앞으로 달려나갔습니다.

"엄마!"

유니가 무서워서 소리쳤습니다. 수레는 한참을 달려가더니 점점 속도가 줄어들기 시작했습니다.

"휴! 이젠 좀 느려졌군."

유니가 안도의 한숨을 쉬는 순간 수레는 다시 뒤로 움직이기 시작했습니다. 그리고 다시 점점 빨라져 무서운 속도로 달리기 시작했습니다.

"살려 줘!"

유니가 다시 비명을 질렀습니다.

수레는 가장 빠른 지점을 통과하고는 점점 느려져 두 사람이 처음 수레를 탔던 곳까지 되돌아왔습니다.

"이제 제자리로 돌아왔군. 우리 내리자."

"안 돼, 위험해!"

유니가 수레에서 내리려고 할 때 뉴통이 유니를 잡고 소리쳤습니다. 수레는 다시 왔던 길로 점점 빠르게 달리기 시작

했습니다. 유니의 비명이 다시 들렸습니다.

"이건 용수철에 매달린 수레의 왕복 운동이야."

뉴통이 지금까지 수레의 움직임을 생각하더니 이렇게 말했습니다.

"그럼 계속 왔다 갔다 해야 하는 거야?"

유니가 울먹거리면서 말했습니다.

"레일과 수레 바퀴 사이에 마찰이 작아. 누군가 기름칠을 해 둔 것 같아."

뉴통이 수레의 바퀴를 들여다보고는 말했습니다.

"그럼 어떡해? 계속 수레를 타고 왔다 갔다 하다가 굶어 죽으라는 거야?"

유니가 약간 흥분된 표정으로 말했습니다. 갑자기 뉴통은 웃옷을 벗었습니다. 그리고 옷을 바퀴와 레일 사이에 끼웠습니다. 수레의 속도가 느려지기 시작했습니다. 그리고 한 번 왕복하는 거리가 전보다 짧아졌습니다. 이렇게 점점 왕복하는 거리가 짧아지더니 수레가 멈춰 섰습니다.

"수레가 멈췄어! 근데 옷으로 어떻게 한 거지?"

유니가 물었습니다.

"바퀴와 레일 사이의 마찰을 크게 해 준 거야. 마찰이 커지면 움직이던 물체들이 멈추게 되거든."

뉴통이 대답했습니다.

"물리란 대단하군."

"나 같은 물리 도사는 어떤 위기에서도 탈출할 수 있어."

뉴통이 자신만만한 표정으로 말했습니다. 유니도 이제 뉴통이 물리 얘기하는 것을 말리지 않았습니다.

수레에서 탈출한 두 사람은 주위를 둘러보았습니다. 약간 어둠침침해서 기분이 좋지 않았습니다. 그때 여러 마리의 작은 동물들이 움직이는 소리가 들렸습니다. 두 사람은 소리가 나는 곳을 쳐다보았습니다.

"뉴통, 저길 봐!"

유니가 가리킨 곳에서는 머리가 쥐처럼 생긴 조그만 로봇들이 두 사람을 향해 달려오고 있었습니다. 그들 중 두목으로 보이는 덩치가 큰 로봇이 소리쳤습니다.

"우리는 여기 포스 섬의 피즈마우스들이다. 우리 섬에 함부로 침입한 너희들을 잡으러 왔다."

갑자기 조그만 총알들이 날아왔습니다. 총알은 가벼운 편이었지만 몸에 맞았을 때는 고통스러웠습니다.

"이렇게 가벼운 총알을 맞았는데, 왜 아픈 거지?"

유니가 물었습니다.

"충격력이 커서 그래. 총알의 질량은 작지만 속도가 커서 운동량이 크거든. 그리고 몸에 맞으면 힘이 작용하는 시간이 짧으니까 충격력이 크거든. 그래서 아픈 거야."

뉴통이 설명했습니다.

"조그만 총알들이 자꾸 날아와. 아파 죽겠어."

"엉덩이로 맞아."

"그건 왜지?"

"엉덩이에는 살이 많아서 총알과의 충돌에 걸리는 시간이 길어지거든. 그러니까 충격력도 작아지지."

뉴통은 이렇게 설명하고 엉덩이로 총알을 맞았습니다. 유니는 선뜻 내키지 않았지만 뉴통이 시키는 대로 했습니다. 얼굴이나 팔에 맞을 때보다 훨씬 덜 아팠습니다.

하지만 이 방법으로 오래 버틸 수는 없었습니다. 뉴통과 유니는 피즈마우스들을 피해 바다 쪽으로 도망쳤습니다. 피즈마우스들은 계속 총을 쏘면서 두 사람을 추격했습니다. 한참을 도망친 두 사람 앞에 절벽이 나타났습니다. 절벽의 높이는 10m 정도였습니다.

"어떡하지?"

유니가 불안에 떨며 말했습니다.

"뛰어내리자."

뉴통이 말했습니다.

"안 다칠까?"

"10m를 떨어지는 데 걸리는 시간은 약 1.4초야. 그러니까

물에 닿는 순간의 속도는 초속 14m 정도. 그 정도 속도라면 다치지 않을 거야."

뉴통이 말하는 순간에도 피즈마우스들은 절벽을 향해 달려오고 있었습니다.

두 사람은 눈을 감고 물속으로 뛰어들었습니다. 두 사람은 물속에 잠겼다가 물 위로 나왔습니다.

"우리가 살았어."

유니가 소리쳤습니다. 피즈마우스들은 절벽 위에서 그들을 바라보며 누군가에게 연락을 하고 있었습니다.

"아얏!"

갑자기 유니가 비명을 질렀습니다.

"유니야, 왜 그래?"

뉴통이 유니 쪽으로 헤엄쳐 갔습니다.

"바다 속에서 누군가 나를 무는 것 같아."

유니가 말했습니다. 뉴통이 물속으로 들어가 보았습니다. 물속에 사는 피즈마우스들이 유니의 발 주위에 몰려 있었습니다. 다시 물 위로 올라온 뉴통이 긴박하게 소리쳤습니다.

"유니, 도망쳐야겠어! 피즈마우스가 물속에도 있어."

두 사람은 피즈마우스를 피해 열심히 헤엄쳤습니다. 피즈마우스들도 물 위로 올라와 두 사람을 추격했습니다.

"다리에 쥐가 난 것 같아."

유니가 고통스러워하는 표정으로 말했습니다.

"유니, 저기 배가 있어!"

뉴통이 조그만 배를 발견했습니다. 두 사람은 배를 향해 안간힘을 다해 헤엄쳤습니다. 배 위에는 조종을 할 수 있는 장치가 없었습니다. 다만 선풍기 두 대가 달려 있었습니다.

"배가 뭐 이래! 고장난 배인가 봐."

유니가 실망스러운 표정으로 말했습니다. 수십 마리의 피

즈마우스가 바짝 배를 추격해 왔습니다. 그때 잠시 생각에 잠겨 있던 뉴통이 소리쳤습니다.

"유니, 두 대의 선풍기의 스위치를 눌러!"

"덥지도 않은데 왜 선풍기를 켜라는 거지? "

유니가 이렇게 중얼거리며 두 대의 선풍기를 켰습니다. 뒤로 강한 바람이 불면서 배가 앞으로 나아가기 시작했습니다.

"선풍기 배야?"

유니가 깜짝 놀라 소리쳤습니다.

"작용과 반작용의 원리야. 선풍기가 주위로 공기를 밀어내

면 주위 공기들의 반작용이 선풍기를 포함한 배를 밀게 되지. 그 힘으로 배가 움직이는 거야."

뉴통이 친절하게 설명해 주었습니다. 이제 더 이상 피즈마우스는 보이지 않았습니다. 배가 아주 빨랐기 때문이지요. 두 사람은 피즈마우스를 피해 도망다니느라고 지쳐서 배 위에서 잠이 들어 버렸습니다. 선풍기 2대에 의한 반작용으로 배는 일정한 속력으로 바다 위를 똑바로 나아갔습니다.

다음 날 새벽, 바다 위로 해가 뜨자 유니가 눈을 떴습니다.

"뉴통! 뉴통!"

유니가 급박하게 소리쳤습니다. 그 소리에 뉴통도 눈을 떴

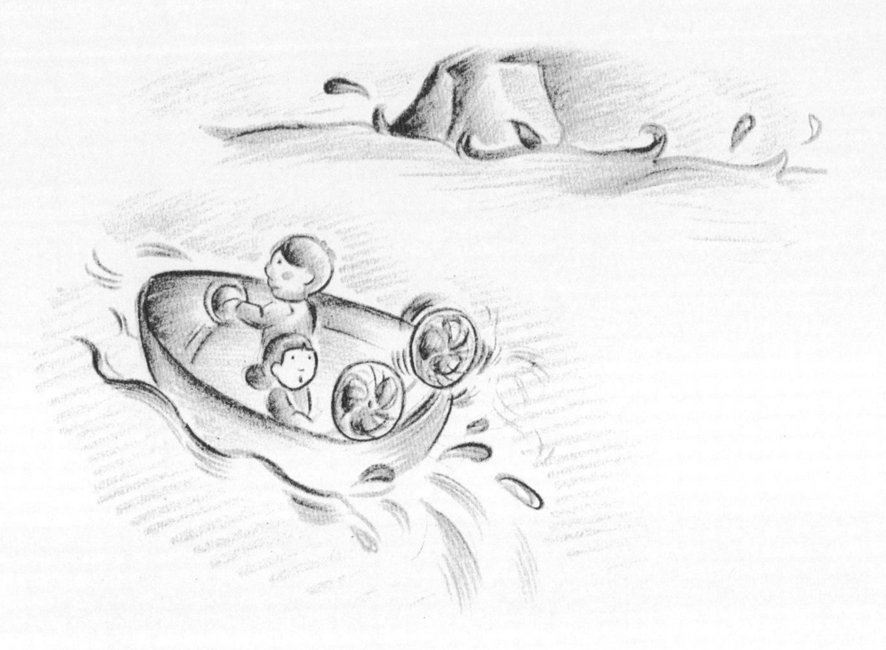

습니다.

"앞에 거대한 바위섬이 나타났어. 이대로 가다가는 정면충돌하고 말 거야."

"유니! 왼쪽 선풍기 스위치를 꺼."

유니는 뉴통이 시키는 대로 왼쪽 선풍기의 스위치를 껐습니다. 오른쪽 선풍기만 돌아가더니 배가 왼쪽으로 꺾어졌습니다.

"유니! 왼쪽 선풍기 스위치를 다시 켜!"

유니가 스위치를 켜자 다시 두 대의 선풍기가 돌면서 방향을 바꾼 배는 바위섬을 피해 다시 똑바로 나아갔습니다.

"왜 선풍기 하나를 끄면 배가 회전하는 거지?"

유니가 물었습니다.

"선풍기 두 대를 모두 돌리면 배의 왼쪽과 오른쪽에 같은 크기의 반작용이 생겨 배를 전진시키지. 하지만 오른쪽 선풍기만 돌리면 배의 오른쪽은 힘을 받고 왼쪽은 그렇지 않으니까 힘을 받은 쪽이 힘을 받지 않은 지점을 중심으로 돌게 되지. 그래서 배가 회전하게 되는 거야."

뉴통이 선풍기 배의 회전 원리를 친절하게 알려 주었습니다. 유니도 조금씩 물리가 좋아지기 시작했습니다. 바위섬과의 충돌을 간신히 피한 두 사람은 몇 시간 후 포스 섬에 다시 상륙했습니다.

"피즈마우스가 안 보여."

유니가 소곤거렸습니다. 순간 피즈마우스들이 총을 쏘면서 몰려왔습니다. 두 사람은 섬의 중심 쪽으로 도망쳤습니다. 기다란 판자처럼 보이는 차가 두 사람 앞에 나타났습니다. 두 사람은 판자 모양의 차에 올라타서 앞쪽으로 갔습니다.

"핸들이 저기 있어."

뉴통이 소리쳤습니다. 뉴통은 핸들을 잡고 시동을 걸어 보았습니다. 하지만 차는 꼼짝도 하지 않았습니다. 그러는 사

이에 피즈마우스들이 차의 뒤쪽에 올라타고 있었습니다.

"이건 뭐지?"

유니가 궁금해하며 빨간 버튼을 눌렀더니 차가 쏜살같이 앞으로 튀어 나갔습니다. 그러자 겨우 차 뒤에 올라탔던 피즈마우스들이 뒤로 나자빠지면서 차에서 떨어졌습니다.

"성공이야."

뉴통은 유니와 하이파이브를 하며 좋아했습니다.

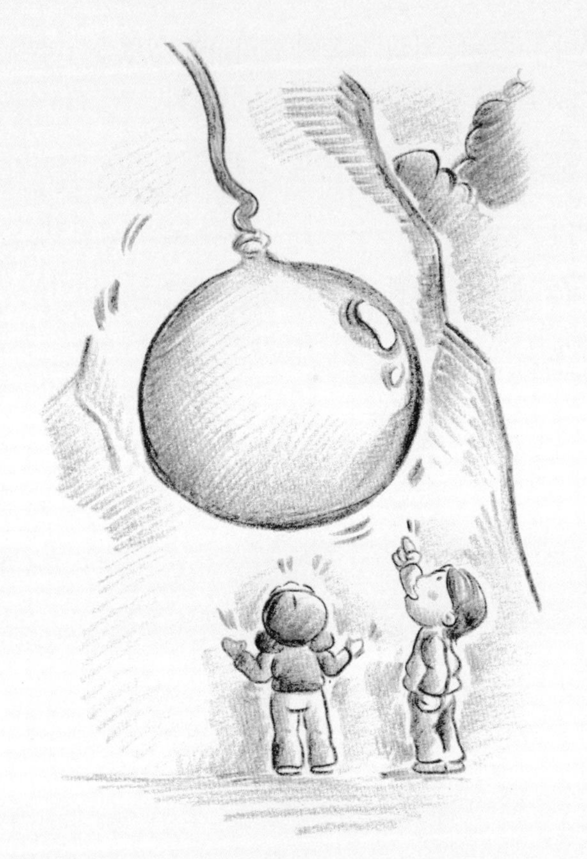

한참을 달리자 두 사람은 포스 섬 중심에 있는 조그만 산 어귀에 도착했습니다. 산은 그리 높지 않지만 가파른 절벽이었습니다.

"산 위에 올라가서 불을 피워야겠어."

뉴통이 말했습니다.

"어떻게 저 절벽을 올라가?"

유니가 절벽 위를 올려다보며 말했습니다.

그때 피즈마우스들이 우르르 몰려오는 소리가 들렸습니다.

"재들이 또 왔어. 빨리 산 위로 올라가야겠어."

유니가 말했습니다. 뉴통은 산 아래를 돌아보다가 산 위까지 이어져 있는 로프를 발견했습니다. 로프에는 커다란 풍선이 고리로 연결되어 있었습니다.

"저게 뭐지?"

뉴통이 소리쳤습니다.

"큰 풍선이군! 저렇게 큰 풍선은 처음 봐."

유니가 말했습니다.

"가만, 저 풍선을 이용할 순 없을까?"

뉴통이 혼잣말로 중얼거렸습니다.

"뉴통! 피즈마우스들이 가까이 왔어. 빨리 도망쳐야 해."

"그래 생각났다. 유니, 풍선 위에 올라타!"

유니와 뉴통은 풍선 위에 올라탔습니다.

"풍선이 저절로 움직이기라도 한단 말이야?"

유니가 뉴통에게 따졌습니다.

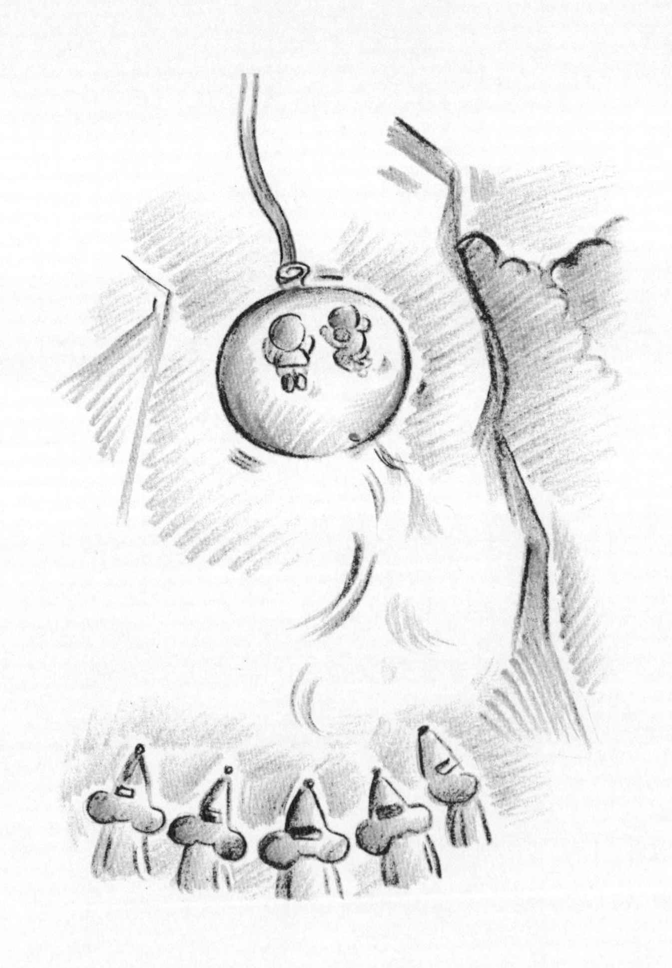

"유니, 바늘 있어?"

뉴통이 물었습니다. 유니는 뉴통에게 바늘을 건네주었습니다. 뉴통은 바늘로 풍선 뒤에 구멍을 뚫었습니다. 풍선이 위로 올라갔습니다.

"풍선이 움직여."

유니가 소리쳤습니다.

"풍선을 꼭 붙잡아야 해."

뉴통이 소리쳤습니다. 두 사람은 풍선을 타고 산꼭대기까지 올라갔습니다. 뒤쫓아 온 피즈마우스들은 산으로 올라가는 풍선을 멍하니 쳐다보고 있었습니다.

두 사람을 태우고 올라가던 풍선은 공기가 빠져 점점 작아지더니 산꼭대기에서 멈추었습니다. 두 사람은 산 정상에 도착한 것입니다.

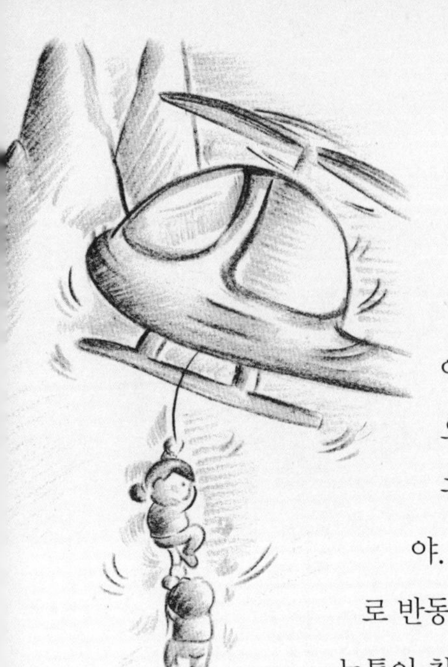

"풍선이 어떻게 움직인 거지?"

유니가 물었습니다.

"작용 반작용의 법칙 때문이야. 풍선 속에 있던 공기들이 밖으로 나가면서 그 반동으로 풍선 구멍 반대 방향으로 움직인 거야. 그러니까 총을 쏘면 총알이 뒤로 반동하는 것과 같은 원리야."

뉴통이 친절하게 설명해 주었습니다.

산 위에는 불을 피운 흔적이 있는 커다란 봉수대가 있었습니다.

"봉수대가 있어. 여기에 불을 피우면 돼."

뉴통은 주위의 나뭇가지를 주워 봉수대에 넣었습니다. 그리고 부싯돌로 불을 지폈습니다. 봉수대에 불이 활활 타올랐습니다.

"이제 삼촌이 불을 발견하면 돼. 이것은 살려 달라는 신호이니까."

뉴통이 말했습니다.

"뉴통, 저길 봐!"

유니가 소리쳤습니다. 산 정상으로 수많은 피즈마우스들이

기어올라 오고 있었습니다.

"꼼짝없이 잡힌 것 같군."

뉴통도 체념한 표정이었습니다. 그때 공중에서 기다란 로프가 내려왔습니다.

"삼촌의 헬기야."

유니가 하늘을 가리켰습니다. 삼촌이 헬기를 고쳐 두 사람을 찾아다녔던 것입니다.

"유니, 시간이 없어! 빨리 헬기로 올라가야겠어."

뉴통은 유니와 함께 밧줄을 타고 올라갔습니다. 그 순간 산 정상에 올라온 피즈마우스들도 밧줄을 발견했습니다. 피즈마우스들도 두 사람을 잡기 위해 밧줄을 타고 올라왔습니다. 헬기가 위로 올라갔습니다. 그러자 헬기가 흔들리면서 로프도 흔들리기 시작했습니다.

"헬기가 추락하겠어."

유니가 소리쳤습니다.

"줄에 매달려 있는 무게가 너무 무거워서 헬기가 이 무게를 견디지 못하는 것

같아. 우리의 무게와 피즈마우스들의 무게를 합친 무게이니까."

뉴통이 헬기가 흔들리는 이유를 설명했습니다. 헬기 앞에 높게 솟아 있는 돌탑이 나타났습니다.

"헬기가 돌탑과 충돌할 것 같아!"

유니가 소리쳤습니다.

"유니야, 로프를 잘라 내야겠어!"

뉴통이 소리쳤습니다.

뉴통은 자신의 아랫부분 로프를 바늘로 찔러 잘라 내기 시작했습니다. 한참 후 로프가 끊어지고 피즈마우스들이 바다로 추락했습니다.

"성공이야! 줄의 장력이 없으면 피즈마우스는 중력에 의해 바다로 낙하하게 되지."

뉴통이 소리쳤습니다. 무게가 가벼워진 헬기는 돌탑 위로 올라가서 충돌을 면할 수 있었습니다. 두 사람은 헬기 위로 올라갔습니다.

"삼촌!"

유니가 울먹거렸습니다.

"그래, 무사했구나."

삼촌이 유니를 부둥켜안아 주었습니다. 두 사람은 포스 섬에서 벌어진 신기한 모험을 삼촌에게 들려주었습니다.

"돌아가면 물리 공부를 해야지! 물리의 힘이 그렇게 위대한 줄 몰랐어."

유니가 말했습니다. 뉴통은 아무 말도 하지 않고 빙긋 웃었습니다. 해는 저물어 가고 헬기는 고요한 바다 위를 날아가고 있었습니다. 유니는 여전히 포스 섬 얘기를 계속하고 있었습니다.

과학자 소개

근대 과학 성립의 최대 공로자 뉴턴Isaac Newton, 1642~1727

뉴턴은 갈릴레이가 죽은 해인 1642년 성탄절에 영국의 울즈소프라는 작은 마을에서 태어났습니다. 뉴턴이 태어나기 전에 아버지가 돌아가셔서 뉴턴은 외가에 맡겨졌습니다.

넉넉지 않은 환경이었지만 그는 기계 모형을 발명하거나 실험을 하는 등 과학적으로 매우 뛰어난 재능을 보였습니다. 이러한 재능 때문에 18세에 다른 학생의 일을 도와주는 대신 수업료를 면제해 주는 특별 장학생으로 선발되어 케임브리지 대학에 입학했습니다.

뉴턴은 집중력이 강해 한 번 연구를 시작하면 식사까지 거르며 열심히 공부하는 바람에 고양이가 그의 음식을 먹어 살이 졌다는 이야기도 있습니다. 또 한 번은 친구를 집에 초청해 놓고 문득 생각난 수학 문제가 떠올라 방에 들어간 후 나오지 않았다는 일화도 전합니다.

뉴턴은 수학뿐만 아니라 반사 망원경을 발명하여 과학계에서도 명성을 날렸습니다. 자신이 연구한 내용을 《프린키피아》라는 책으로 출판하였는데, 여기에 그 유명한 '뉴턴의 운동 법칙'이 실려 있습니다. 또 유체 역학 분야와 천체에 관한 내용도 함께 실려 있습니다. 그 외에 《광학》이라는 책에서는 빛에 대한 다양한 성질을 연구하여 발표하였습니다.

가설을 설정하고 수학적인 수식을 통하여 가설을 증명하는 뉴턴의 과학 방법론은 많은 과학자들에게 '과학의 문제를 어떻게 다루어야 하는가'의 문제에서부터 내용에까지 커다란 영향을 끼쳤습니다.

과학 연대표

언제, 무슨 일이?

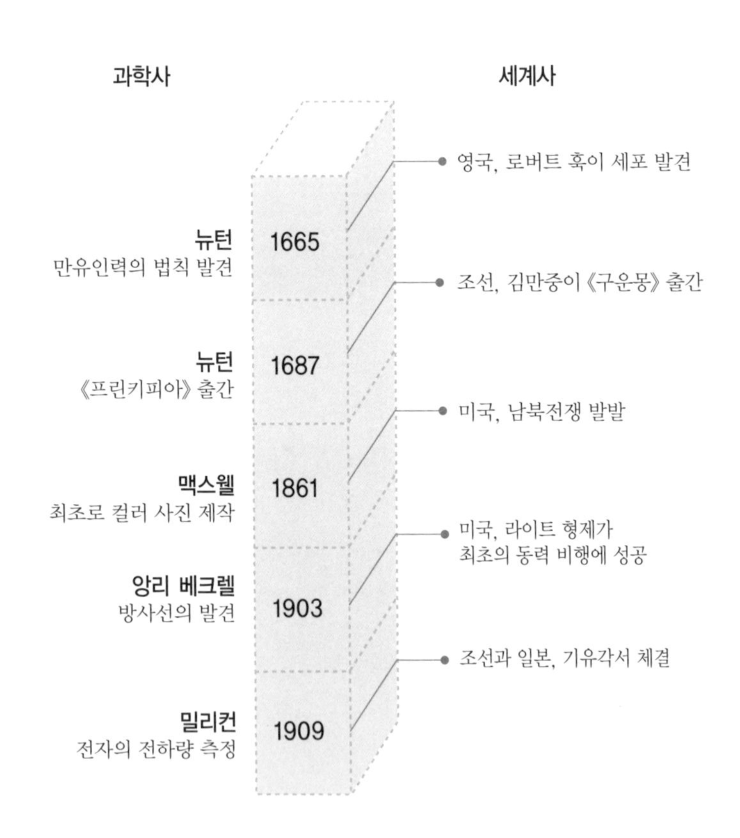

과학사
세계사
영국, 로버트 훅이 세포 발견
뉴턴
1665
만유인력의 법칙 발견
조선, 김만중이 《구운몽》 출간
뉴턴
1687
《프린키피아》 출간
미국, 남북전쟁 발발
맥스웰
1861
최초로 컬러 사진 제작
미국, 라이트 형제가
최초의 동력 비행에 성공
앙리 베크렐
1903
방사선의 발견
조선과 일본, 기유각서 체결
밀리컨
1909
전자의 전하량 측정

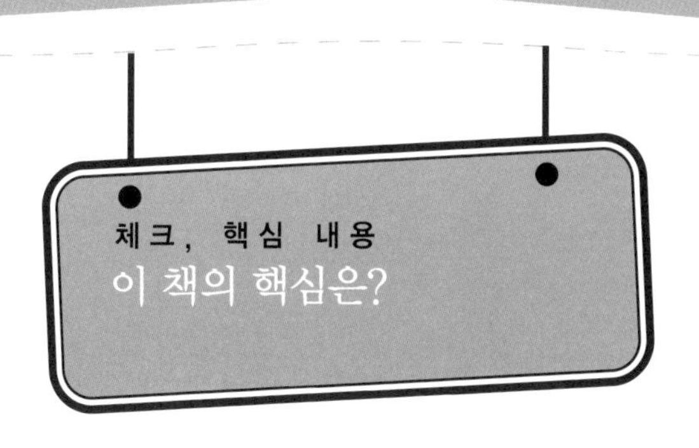

1. 물체에 일정한 힘이 작용할 때 질량과 가속도는 □□□ 합니다.
2. 두 힘이 서로 반대 방향으로 작용하고 크기가 같으면 물체는 움직이지 않습니다. 이때 두 힘은 □□ 이라고 말합니다.
3. 질량을 가진 두 물체 사이에 서로를 끌어당기는 힘을 □□□□ 이라고 합니다.
4. 정지 마찰력은 물체에 작용한 힘과 크기가 같고 방향은 □□ 입니다.
5. 두 물체 사이에서 작용과 반작용의 힘은 □□ 가 같고, □□ 은 반대입니다.
6. 어떤 물체가 원운동을 하게 하는 힘을 □□□ 이라고 합니다.
7. 두 물체가 충돌할 때는 충돌하기 전에 두 물체가 가지고 있던 운동량의 총합과 충돌한 후 두 물체가 가진 운동량의 총합이 같은데, 이것을 □□□ □□ 법칙이라고 합니다.

1. 반비례 2. 평형 3. 만유인력 4. 반대 5. 크기, 방향 6. 구심력 7. 운동량 보존

이슈, 현대 과학

구심력과 세탁기의 발명

하루가 멀다 하고 쏟아져 나오는 빨랫감은 세탁기라는 위대한 발명품이 처리해 주고 있습니다.

세탁기의 시초는 1851년 미국의 킹(James King)이 발명해 낸 원통형 세탁기입니다. 그 후 1874년 블랙스톤(Willian Blackstone)이 기계식 세탁기를 발명했고, 전동기를 이용한 세탁기는 1908년에 처음 등장했습니다.

세탁기의 원리는 바로 뉴턴의 물리학에 등장하는 구심력과 관계있습니다. 모든 원운동을 하는 물체는 원의 중심을 향하는 구심력을 받습니다. 즉 물체가 구심력을 받지 못하면 물체는 더 이상 원운동을 하지 못하고 밖으로 도망치게 됩니다. 그리고 세탁물의 마찰력을 이용합니다. 세탁기의 통을 전동기가 회전시키면 세탁물과 물, 세제가 모두 통의 벽면으로 몰려가게 됩니다. 벽면이 이들을 받치는 힘이 구심력 역할을 하여 벽에 붙어 계속 회전하게 되지요. 이때 세탁물과 물과 세제가 마찰을 일으켜 세탁물의 때가 빠지게 됩니다.

이렇게 세탁이 끝나고 난 후에는 탈수 과정을 거치게 됩니다. 탈수란 세탁물에서 물기를 제거하는 과정이지요. 탈수가 이루어질 때는 벽면에 조그만 구멍들이 나타납니다. 이 구멍으로 물은 빠져나갈 수 있지만 세탁물은 빠져나갈 수 없지요.

이 상태에서 벽을 빠르게 회전시키면 세탁물은 벽이 받치는 힘이 구심력을 만들어 주어 벽에 붙어 회전하지만, 구멍 쪽으로 밀려난 물은 더 이상 구심력을 받지 못해 벽과 함께 원운동을 하지 못하고 구멍 바깥으로 빠져나가게 됩니다. 이렇게 하여 세탁물의 물기가 모두 빠져나가는 과정이 바로 탈수입니다.

이렇게 아주 오래전에 발견된 뉴턴의 운동 법칙은 21세기의 새로운 기계 발명에도 이용되고 있습니다.

찾아보기

어디에 어떤 내용이?